U0261011

江苏省文化产业引导资金文化艺术精品项目
江苏省"十三五"重点图书出版规划项目

传统建筑

加德满都谷地

汪永平 王加鑫 编著

Traditional Architecture in Kathmandu Valley

Himalayan Series of Urban and Architectural Culture

行走在喜马拉雅的云水间

序

2015 年正值南京工业大学建筑学院（原南京建筑工程学院建筑系）成立三十周年，我作为学院的创始人，在 10 月举办的办学三十周年庆典和学术报告会上，汇报了自己和团队自 1999 年以来走进西藏、2011 年走进印度，围绕喜马拉雅山脉 17 年以来所做的研究。研究成果的体现，便是这套"喜马拉雅城市与建筑文化遗产丛书"问世。

出版这套丛书（第一辑 15 册）是笔者和学生们多年的宿愿。17 年来我们未曾间断，前后百余人，30 多次进入西藏调研，7 次进入印度，3 次进入尼泊尔，在喜马拉雅山脉相连的青藏高原、克什米尔谷地、拉达克列城、加德满都谷地都留下了考察的足迹。研究的内容和范围涉及城市和村落、文化景观、宗教建筑、传统民居、建筑材料与技术等与文化遗产相关的领域，完成了 50 篇硕士学位论文和 4 篇博士学位论文，填补了国内在喜马拉雅文化遗产保护研究上的空白，并将藏学研究和喜马拉雅学的研究结合起来。研究揭

示了喜马拉雅山脉不仅是我们这一星球上的世界第三极，具有地理坐标和地质学的重要意义，而且在人类的文明发展史和文化史上具有同样重要的价值。

喜马拉雅山脉东西长 2 500 公里，南北纵深 300~400 公里，西北在兴都库什山脉和喀喇昆仑山脉交界，东至南迦巴瓦峰雅鲁藏布大拐弯处。在喜马拉雅山脉的南部，位于南亚次大陆的印度主要由三个地理区域组成：北部喜马拉雅山区的高山区、中部的恒河平原以及南部的德干高原。这三个区域也就成为印度文明的大致分野，早期有许多重要的文明发迹于此。中国学者对此有着准确的描述，唐代著名学者道宣（596—667）在《释迦方志》中指出："雪山以南名为中国，坦然平正，冬夏和调，卉木常荣，流霜不降。"其中"雪山"指的便是喜马拉雅山脉，"中国"指的是"中天竺国"，即印度的母亲河恒河中游地区。

季羡林先生把古代世界文化体系分为中国、印度、希腊和伊斯兰四大文化，喜马拉雅地区汇聚了世界上

四大文化的精华。自古以来，喜马拉雅不仅是多民族的地区，也是多宗教的地区，包括了苯教、印度教、佛教、耆那教、伊斯兰教以及锡克教、拜火教。起源于印度的佛教如今在印度的影响力已经不大，但佛教通过传播对印度周边的国家产生了相当大的影响。在中国直接受到的外来文化的影响中，最明显的莫过于以佛教为媒介的印度文化和希腊化的犍陀罗文化。对于这些文化，如不跨越国界加以宏观、大系统考察，即无从正确认识。所以研究喜马拉雅文化是中国东方文化研究达到一定阶段时必然提出的问题。

从东晋时法显游历印度并著书《佛国记》开始，中国人对印度的研究有着清晰的历史脉络，并且世代传承。唐代玄奘求学印度并著书《大唐西域记》；义净著书《大唐西域求法高僧传》和《南海寄归内法传》；明代郑和下西洋，其随从著书《瀛涯胜览》《星槎胜览》《西洋番国志》，对于当时印度国家与城市都有详细真实的描述。进入 20 世纪后，中国人继续研究印度。

蔡元培在北京大学任校长期间，曾设"印度哲学课"。胡适任校长后，又增设东方语言文学系，最早设立梵文、巴利文专业（50 年代又增加印度斯坦语），由季羡林和金克木执教。除了季羡林和金克木，汤用彤也是印度哲学研究的专家。这些学者对《法显传》《大唐西域记》《大唐西域求法高僧传》和《南海寄归内法传》进行校注出版，加入了近代学者科学考察和研究的新内容，在印度哲学、文学、语言文化、历史、地理等领域多有建树。在中国，研究印度建筑的倡始者是著名建筑学家刘敦桢先生，他曾于 1959 年初率我国文化代表团访问印度，参观了阿旃陀石窟寺等多处佛教遗址。回国后当年招收印度建筑史研究生一人，并亲自讲授印度建筑史课，这在国内还是独一无二的创举。1963 年刘敦桢先生 66 岁，除了完成《中国古代建筑史》书稿的修改，还指导研究生对印度古代建筑进行研究并系统授课，留下了授课笔记和讲稿，并在《刘敦桢文集》中留下《访问印度日记》一文。可惜 1962 年中印关系恶化，以致影响了向印度派遣留学生的计划，随后不久的"十年动乱"，更使这一研究被搁置起来。由于历史的原因，近代中国印度文化研究的专家、学者难以跨越喜马拉雅障碍进入实地调研，把青藏高原的研究和喜马拉雅的研究结合起来。

意大利著名学者朱塞佩·图齐（1894—1984）是西方对于喜马拉雅地区文化探索的先驱。1925—1930 年，他在印度国际大学和加尔各答大学教授意大利语、汉语和藏语；1928—1948 年，图齐八次赴藏地考察，他的前五次（1928、1930、1931、1933、1935）藏地考察均从喜马拉雅山脉的西部，今天克什米尔的斯利那加（前三次）、西姆拉（1933）、阿尔莫拉（1935）动身，沿着河流和山谷东行，即古代的中印佛教传播和商旅之路。他首次发现了拉达克森格藏布河（上游在中国境内叫狮泉河，下游在印度和巴基斯坦叫印度河）河谷的阿契寺、斯必提河谷（印度喜马偕尔邦）的塔波寺（西藏藏佛教后弘期重要寺庙，

两处寺庙已经列入《世界文化遗产名录》），还考察了托林寺、玛朗寺和科迦寺的建筑与壁画，考察的成果便是《梵天佛地》著作的第一、二、三卷。正是这些著作奠定了图齐研究藏族艺术和藏传佛教史的基础。后三次（1937、1939、1948）的藏地考察是从喜马拉雅中部开始，注意力转向卫藏。1925—1954 年，图齐六次调查尼泊尔，拓展了在大喜马拉雅地区的活动，揭开了已湮没的王国和文化的神秘面纱，其中印度和藏地的邂逅是最重要的主题。1955—1978 年，他在巴基斯坦北部的喜马拉雅山麓，古代称之为乌仗那的斯瓦特地区开展考古发掘，期间组织了在阿富汗和伊朗的考古发掘。他的一生学术成果斐然，成为公认的最杰出的藏学家。

图齐的研究不仅涉及佛教，在印度、中国、日本的宗教哲学研究方面也颇有建树。他先后出版了《中国古代哲学史》和《印度哲学史》，真正做到"跨越喜马拉雅、扬帆印度洋"，将中印文化的研究结合起来。

终其一生，他的研究都未离开喜马拉雅山脉和区域文化。继图齐之后，国际上对于喜马拉雅的关注，不仅仅局限于旅游、登山和摄影爱好者，研究成果也未囿于藏传佛教，这一地区的原始宗教文化艺术，包括印度教、耆那教、伊斯兰教甚至苯教都得到发掘。笔者手头上就有近几年收集的英文版喜马拉雅艺术、城市与村落、建筑与环境、民俗文化等多种书籍，其中有专家、学者更提出了"喜马拉雅学"的概念。

长期以来，沿着青藏高原和喜马拉雅旅行（借用藏民的形象语言"转山"）时，笔者产生了一个大胆的想法，将未来中印文化研究的结合点和突破口选择在喜马拉雅区域，建立"喜马拉雅学"，以拓展藏学、印度学、中亚学的研究范围和内容，用跨文化的视野来诠释历史事件、宗教文化、艺术源流，实现中印间的文化交流和互补。"喜马拉雅学"包含了众多学科和领域，如：喜马拉雅地域特征——世界第三极；喜马拉雅文化特征——多元性和原创性；喜马拉雅生态特征——多样性等等。

笔者认为喜马拉雅西部，历史上"罽宾国"（今天的克什米尔地区）的文化现象值得借鉴和研究。喜马拉雅西部地区，历史上的象雄和后来的"阿里三围"，是一个多元文化融合地区，也是西藏与希腊化的犍陀罗文化、克什米尔文化交流的窗口。罽宾国是魏晋南北朝时期对克什米尔谷地及其附近地区的称谓，在《大唐西域记》中被称为"迦湿弥罗"，位于喜马拉雅山的西部，四面高山险峻，地形如卵状。在阿育王时期佛教传入克什米尔谷地，随着西南方犍陀罗佛教的兴盛，克什米尔地区的佛教渐渐达到繁盛点。公元前 1 世纪时，罽宾的佛教已极为兴盛，其重要的标志是迦腻色迦（Kanishka）王在这里举行的第四次结集。4 世纪初，罽宾与葱岭东部的贸易和文化交流日趋频繁，谷地的佛教中心地位愈加显著，许多罽宾高僧翻越葱岭，穿过流沙，往东土弘扬佛法。与此同时，西域和中土的沙门也前往罽宾求经学法，如龟兹国高僧佛图澄不止一次前往罽宾学习，中土则有法显、智猛、法勇、玄奘、悟空等僧人到罽宾求法。

如今中印关系改善，且两国官方与民间的经济、文化合作与交流都更加频繁，两国形成互惠互利、共同发展的朋友关系，印度对外开放旅游业，中国人去印度考察调研不再有任何政治阻碍。更可喜的是，近年我国愈加重视"丝绸之路"文化重建与跨文化交流，提出建设"新丝绸之路经济带"和"21世纪海上丝绸之路"的战略构想。"一带一路"倡议顺应了时代要求和各国加快发展的愿望，提供了一个包容性巨大的发展平台，把快速发展的中国经济同沿线国家的利益结合起来。而位于"一带一路"中的喜马拉雅地区，必将在新的发展机遇中起到中印之间的文化桥梁和经济纽带作用。

最后以一首小诗作为前言的结束：

我们为什么要去喜马拉雅？

因为山就在那里。
我们为什么要去印度？
因为那里是玄奘去过的地方，
那里有玄奘引以为荣耀的大学
——那烂陀。

行走在喜马拉雅的云水间，
不再是我们的梦想。
边走边看，边看边想；
不识雪山真面目，只缘行在此山中。

经历是人生的一种幸福，
事业成就自己的理想。
慧眼看世界，视野更加宽广。
喜马拉雅，
不再是阻隔中印文化的障碍，
她是一带一路的桥梁。

在本套丛书即将出版之际，首先感谢多年来跟随笔者不辞幸苦进入青藏高原和喜马拉雅区域做调研的本科生和研究生；感谢国家自然科学基金委的立项资助；感谢西藏自治区地方政府的支持，尤其是文物部门与我们的长期业务合作；感谢江苏省文化产业引导资金的立项资助。最后向东南大学出版社戴丽副社长和魏晓平编辑致以个人的谢意和敬意，正是她们长期的不懈坚持和精心编校使得本书能够以一个充满文化气息的新面目和跨文化的新内容出现在读者面前。

主编汪永平

2016 年 4 月 14 日形成于鸟兹别克斯坦首都塔什干 Sunrise Caravan Stay 一家小旅馆庭院的树荫下，正值对撒马尔罕古城、沙赫里萨布兹古城、布哈拉、希瓦（中亚四处重要世界文化遗产）考察归来。修改于 2016 年 7 月 13 日南京家中。

目 录

CONTENTS

导　言

尼泊尔（Nepal）位于南亚内陆，北侧与中国隔着巍峨的喜马拉雅山脉，是一个地形地势独特的山区国家。加德满都谷地（Kathmandu Valley）位于尼泊尔中部山区，四周被群山环绕。中国与尼泊尔来往源远流长。早在403年，东晋僧人法显[1]就到达了加德满都谷地，并一路西行拜访了佛主诞生地蓝毗尼（Lumbini）。此后，唐代高僧玄奘[2]以及唐朝使节王玄策[3]也都到达过加德满都谷地，并留下了许多对当时谷地进行描述的珍贵文献[4]。谷地内有众多印度教（Hinduism）圣地和佛教（Buddhism）圣地，每年都有无数信徒前来朝拜。同时，吸引游客的还有那些精美绝伦的建筑群以及美不胜收的自然风光。

尼泊尔与中国之间有着深厚的情谊，中国的藏传佛教（Tibetan Buddhism）和尼泊尔的佛教有着千丝万缕的关联。近些年随着尼泊尔内乱的结束，越来越多的游客到加德满都谷地体验异域风情，感受宗教文化。加德满都谷地的传统建筑是尼泊尔乃至整个世界的瑰宝。

进入21世纪之后，人们越来越注重保护历史文化遗产，加德满都谷地传统建筑就是亟须保护的文化遗产，它是尼泊尔悠久历史文化的集中反映。加德满都谷地传统建筑与周边国家和地区的传统建筑有明显区别，重檐屋顶的神庙和中国的佛塔虽然相似，但是有本质的不同。宫殿建筑群落布局和其他地区明显有别，王权和神权在建筑上的集中反映独树一帜。不同区域的传统民居各具特色，具有很强的地域主义特征。

本书的研究内容是加德满都谷地传统建筑。首先，将范围确定为加德满都谷地，包括谷地内城市区域和谷地周边郊区。加德满都谷地东西长约30公里，南北宽约25公里，整体呈不规则椭圆形。谷地面积约570平方公里，人口密集区

1　法显（334—422），平阳武阳人，东晋高僧，杰出的旅行家、翻译家、佛教革新家，有记载的最早去印度留学取经的僧人。399年，法显率其余4人从长安出发，途经西域跨越雪山到达天竺，取得真经后回国，共历时14年。法显对中国的佛教发展有重要影响。
2　玄奘（599—664），河南洛阳人（今河南偃师），唐代高僧，著名的佛学家、旅行家、翻译家。627年从长安出发，西行5万余里，645年回到长安，历时19年，翻译多部佛典，为中国佛教发展奠定基础，被誉为"中华民族的脊梁"。
3　王玄策（生卒不详），河南洛阳人，643—661年先后三次出使印度，记载许多当时见闻，为后世研究提供信息。
4　陈翰笙.古代中国与尼泊尔的文化交流——公元第五至十七世纪［J］.历史研究，1962（2）.

域集中在谷地内三座最主要的城市[1]。虽然谷地地域面积较小，但是其中有众多优秀的传统建筑，研究内容非常丰富。本书通过对加德满都谷地内传统建筑的研究，梳理出谷地不同地理条件和宗教文化影响下的传统建筑特征。

其次，如何界定"传统建筑"是本书需要考虑的一个重要问题。本书将使用传统材料、运用传统建造技术的历史建筑物和构筑物作为研究对象（不包括运用现代手法建造的仿古建筑），研究范围包括城市建设、传统宫殿建筑、传统宗教建筑、传统民居建筑和传统建造技术。

1　曾序永．神奇的山国——尼泊尔［M］．上海：上海锦绣文章出版社，2012.

第一章　加德满都谷地自然环境和人文背景

第一节　尼泊尔自然环境

1. 地理区位

尼泊尔位于亚洲南部，是典型的内陆山区国家。尼泊尔东部的塔普勒琼区（Taplejung）与锡金（Sikkim）接壤，南部的平原地区和西部的山区与印度的西孟加拉邦（West Bengal）、比哈尔邦（Bihar）、北方邦（Uttar）以及北阿肯德邦（Uttarakhand）相连，北部的高海拔山区与中国西藏相接，国境线全长约 2 400 公里。尼泊尔版图近似于长方形，东西向长度约为 885 公里，南北向宽度在 145—241 公里之间（图 1-1）。

图 1-1　尼泊尔地理区位

2. 地形地貌

尼泊尔的自然环境在全世界都是独一无二的，境内包括因板块碰撞而形成的崇山峻岭和丘陵以及冲积平原，海拔更是从 70 米到 8 844 米不等。尼泊尔地势从北至南呈阶梯形向下递减趋势，北部与西藏接壤的是喜马拉雅山区（Himalaya Zone），占国土面积约 19%。喜马拉雅山区海拔在 4 877—8 844 米之间，世界上海拔超过 8 000 米的 14 座高峰有 8 座在喜马拉雅山区，分别为珠穆朗玛峰（Qomolangma）、干城章嘉峰（Kanchenjunga）、洛子峰（Lhotse）、马卡鲁峰（Makalu）、卓奥友峰（Cho Oyu）、道拉吉里峰（Dhaulagiri）、马纳斯卢峰（Manaslu）以及安纳布尔纳峰（Annapurna）。由于喜马拉雅山区海拔偏高，地势险峻，常年气温偏低，所以居住在此山区的居民较少。尼泊尔中部山区（Middle Hill Zone）约占64%的国土总面积，平均海拔在1 525—3 660米之间。这里是尼泊尔人口最稠密、文化艺术最丰富、传统建筑最多的地区。中部山区主要由最高峰达到4 877米的默哈帕勒德岭（Mahabharat Range）和相对较矮的丘日山系（Chure Hills）组成，首都加德满都就坐落在中部山区之中。尼泊尔南部与印度接壤的冲积平原是德赖平原（Terai Plan），这里有茂密的森林、纵横的水系和广阔的草原。由于地势平缓，海拔低，这里成为尼泊尔最主要的粮食生产区（图1-2）。

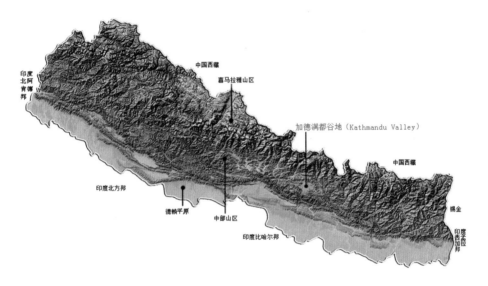

图1-2　尼泊尔地形地貌

第二节　加德满都谷地自然环境

1. 地形地貌

加德满都谷地位于尼泊尔中部，北侧与白雪皑皑的喜马拉雅山脉相接，南侧与一马平川的德赖平原相接，是两种地形的过渡区。加德满都谷地海拔1 400多米，周围被四座陡峭而树木繁茂的山体围合，形成碗的形状。这四座山分别是平均海拔 2 732 米的西瓦普利山（Shivapuri）、平均海拔 2 762 米的普乔基山、平均海拔 2 175 米的纳嘉郡山（Nagarjun）和平均海拔 2 300 米的钱德拉吉里山（Chandragiri）。现代文明之前，这四座山将谷地与外界隔离，只在南侧有一个小缺口，让谷地保持与外界的联系（图 1-3）。

加德满都谷地是典型的丘陵地形，除谷地内三座主要城市的老城区相对平缓外，其他地区都

图 1-3　加德满都谷地地形地貌

高低起伏。因此，在谷地中几乎看不见自行车，居民出行除乘坐机动车就是步行。特殊的地形也极大地限制了人们的农业种植，谷地中大部分粮食需要德赖平原供给。当地居民最主要的农业劳动就是养殖牛和羊。

2. 气候特征

加德满都谷地的气候可以分为三季。每年 6 月至 9 月是雨季，季风给谷地带来持续性降雨，每天降雨可达七八个小时，到下午四五点雨才会停息。雨季给谷地居民生活带来极大不便，人们只能在室内活动。10 月至次年 4 月中旬是冷季，这段时间降雨量极少，早晚温差大。早晨温度在 10℃左右，最低时近 0℃，中午温度会上升至 20℃左右。4 月下旬至 5 月是热季，季风雨季尚未到来，但是会有少量降雨。这段时间天气炎热，早晨温度在 20℃左右，中午温度在 30℃左右。

3. 资源状况

尼泊尔是山地国家，加德满都谷地周围群山环绕，矿场非常丰富。已发现的金属矿藏有金、银、铜、铁、铅、锌、镍、钴、钼、钨和钛等，非金属矿藏有石灰石、白云石、大理石、石榴石、石墨、花岗石等，能源矿产有石油、天然气、铀、地热和煤等。虽然尼泊尔的矿产非常丰富，但是基础道路设施的落后给矿产开发带来了巨大的影响，同时环境保护措施的缺乏也给矿产开发带来弊端。

第三节 加德满都谷地人文背景

对于国人来说，加德满都谷地是一个非常遥远的地方，但是也是让人感到亲切和神秘的地方。说其遥远，是因为加德满都谷地在世界屋脊的另一端，与中国隔着一条高不可攀的"天堑"，目前仅仅通过樟木口岸与中国相联系。说其亲切，是因为加德满都谷地自古就与中国有着千丝万缕的联系，唐朝时文成公主远赴西藏联姻，嫁给藏王松赞干布，而松赞干布的另一位妻子就是来自尼泊尔加德满都谷地的墀尊公主。现在墀尊公主的塑像还供奉在拉萨的大昭寺内，与文成公主并列在松赞干布左右。说其神秘，是因为佛主释迦牟尼曾经在谷地内修行布道3年，极大地推动了谷地佛教的发展。

1.历史沿革

加德满都谷地最早的历史都与神话故事有关。相传这里曾经是一座名为纳加哈达（Nagahada）的湖，湖中居住着大蛇纳加（Naga），原始佛陀受到梵天（Brahma）的启示，在湖中播种下一颗莲子。不久之后，莲子绽放出千瓣莲花，在黑暗的湖水中散发出圣洁的光芒。远在中国五台山修行的文殊菩萨受到光芒的指引来到这里，挥舞手中利剑，劈开南侧湖岸，湖水顿时倾泻而下，大蛇纳加也随着湖水游去。经过四天四夜，湖水倾泻一空，文殊菩萨带着自己的弟子在谷地中建起一座城市，名为"文殊帕坦"。后来一位名为尼穆尼的圣人使谷地兴旺起来，人们为了纪念圣人，将谷地更名为"尼泊尔"。现在尼泊尔已经成为这个国家的名字。在尼泊尔语中，"尼"是这位圣人的名字，"泊尔"具有"养育"之意，"尼泊尔"就是"圣人养育的地方"的意思。

历史学家将尼泊尔没有文字记载的时期称为上古时期，这段时期的情况只能通过考古发掘研究。尼泊尔有文字记载的第一个王朝是公元前14世纪左右的乔帕罗（Gopadas）王朝，由谷地最初的牧羊人创建，八位国王相继统治谷地五百多年。后来，来自印度的游牧民族阿毗罗人（Abhiras）打败了乔帕罗人，短暂统治了谷地一百多年。公元前8世纪左右，谷地东部的基拉底人（Kiratis）入侵谷地，建立了强大的基拉底王朝（Kirati Dynasty），统治谷地1 100多年。基拉底王朝第六位国王哈摩提（Humati）统治时期，释迦牟尼来到谷地布道，并在谷地中一座山洞中修行三年。249年，第十六位国王斯通克（Sthunko）统治时期，古印度孔雀王朝阿育王（Asoka）造访谷地，在帕坦（Patan）城四周修建了四座佛塔，并将自己的女人嫁给王子[1]。

3世纪，印度东北部的李察维人（Licchavi）进入谷地，打败基拉底人，建立起李察维王朝（Licchavi Dynasty）。他们为谷地带来了先进的生产技术，谷地的农业、工艺品制作、艺术和贸易都得到发展。8世纪开始，李察维王朝开始没落，一直到12世纪被马拉王朝取代（Malla Dynasty）。这段时间在尼泊尔历史上被称为"黑暗时期"，因为有关这段时间的记载非常少，也没有考古遗址和建筑遗址展现这段时间的情况。

12世纪左右，第一位马拉国王统一了加德满都谷地，建立了马拉王朝。马拉王朝早期，尼泊尔经历了巨大的困难。1255年，尼泊尔发生了大地震，近三分之一尼泊尔人口在这次地震中罹难，包括当时的国王阿巴亚·马拉（Abahya Malla）。此后穆斯林信徒入侵尼泊尔，印度教建筑和佛教建筑遭受洗劫和破坏，损失惨重。幸好这次入侵并没有对尼泊尔产生持续性影响。尽管经历了一些灾难，马拉王朝还是相对稳定的。第三任国王贾亚斯提提·马拉（Jayasthiti Malla）统治时期，马拉王朝空前繁盛。这位国王不仅统一了加德满都谷地，还修编法典，强化社会等级制度。第五任国王去世后，国王的三个儿子在加德满都、帕坦和巴德岗（Bhadgaon）各据一方，再分别建立王国。三位国王之间的对抗不仅仅表现在战争上，还体现在对神灵的虔诚上。现在三座城市精美的建筑大多数都是三位国王相互攀比取悦神灵而斥巨资修建的。

1768年，加德满都谷地北部廓尔喀（Gorkha）王国的君主普利特维·纳拉扬·沙阿（Prithvi Narayan Shah）入侵加德满都谷地，重新统一了谷地，建立了强大的沙阿王朝（Shah Dynasty）。沙阿王朝的统治一直持续到2008年。沙阿王朝通过南征北战不断扩大疆土，从克什米尔（Kashmir）一直延伸到锡金，最后与大英帝国统治下的印度交战败北。1775年，普利特维·纳拉扬·沙阿国王去世后，尼泊尔上演了一系列宫廷篡权斗争，1846年上演了骇人听闻的"科特庭院"惨案，年轻的忠格·巴哈杜尔（Jung Bbhadur）夺取了尼泊尔军政大权，使沙阿国王成为傀儡。忠格·巴哈杜尔获得首相一职后，将其家族姓氏改为广为人知的拉纳（Rana），并且自封世袭王公。拉纳家族掌权期间，尼泊尔得到很大发展。1950年后，尼泊

1　魏英邦. 尼泊尔·不丹·锡金三国史略[J]. 青海民族学院学报，1978（3）.

尔经历了多次政变。2008 年，尼泊尔宣布废除君主立宪制，结束了沙阿王朝 280 多年的统治，正式成为尼泊尔联邦民主共和国（表 1-1）。

表 1-1　尼泊尔历史沿革概况

年代	王朝名称	重大历史事件
公元前 14 世纪以前（上古时期）	无记载	无记载
公元前 14 世纪—公元前 9 世纪左右（具体年代不详）	乔帕罗王朝	无记载
公元前 9 世纪—公元前 8 世纪左右（具体年代不详）	阿毗罗人短暂统治	无记载
公元前 8 世纪—公元 2 世纪左右（具体年代不详）	基拉底王朝	1.公元前 565 年，蓝毗尼迦毗罗卫国释迦族降生乔达摩·悉达多王子，王子后来悟道成佛。 2.公元前 249 年，阿育王到蓝毗尼瞻礼佛迹，并造访加德满都谷地，在帕坦城四周修建四座佛塔
3 世纪—11 世纪末（具体年代不详）	李察维王朝	1.406 年，中国僧人法显到达迦毗罗卫城，418 年觉贤被法显邀请至建康（南京）翻译梵文佛经。 2.635 年，玄奘到达加德满都谷地，并在《大唐西域记》中对谷地进行了描述。 3.639 年，犀尊公主远嫁西藏，促进西藏佛教发展。 4.643—657 年，王玄策三次出访尼泊尔。 5.879—11 世纪末，伊斯兰教信徒入侵加德满都谷地，破坏许多印度教及佛教建筑
12 世纪初—1768 年	马拉王朝	1.1255 年大地震导致三分之一人口罹难。 2.1260 年，阿尼哥率 80 位工匠到中国修建佛塔。 3.1482 年，马拉王朝分裂成三个小王国，彼此之间不断斗争对抗
1769 年—2008 年	沙阿王朝	1.1815 年，尼泊尔同英国签订不平等《塞格里条约》。 2.1846 年，忠格·巴哈杜尔夺取尼泊尔军政大权，使沙阿国王成为傀儡。 3.1950 年，尼泊尔实行君主立宪制。 4.1934 年，加德满都谷地大地震给谷地带来巨大破坏。 5.2001 年，爆发王室惨案
2008 年至今	共和时期	2015 年，博克拉 8.1 级大地震给加德满都谷地带来巨大破坏，众多传统建筑损坏严重

2. 民族

尼泊尔有 60 多个民族，人口 3 000 万左右，这个数字正以每年 2.1% 的速度增长。加德满都谷地有超过 250 万人，这里聚集了许多民族，每一个民族都有各自的生活方式，并且根据不同的地理环境特征从事农业生产。在加德满都谷地，尤其是等级森严的印度教社会中，不同民族和群体之间的融合是受到严格控制的[1]。

加德满都谷地是尼泊尔最美丽的地区，在这里可以尽情领略田园山色。这里以尼瓦尔族人（Newars）为主，还生活着拉伊族（Rai）、林布族（Limbus）、古荣族（Gurugs）、玛迦族（Magars）、巴浑族（Ba Hun）和沙提族（Schaettis）等。居住在加德满都谷地的尼瓦尔人大约有110万，约占全国人口的6%。他们使用的尼瓦尔语不同于尼泊尔语，学习起来非常困难。尼瓦尔人以务农和经商为主，也不乏卓越的艺术家，他们制作的精美艺术装扮了整个加德满都谷地，对西藏等周边地区也产生了重要的影响。尼瓦尔人的起源一直没有明确答案，绝大多数尼瓦尔人具有蒙古人种和高加索人种的特征，人们普遍认为尼瓦尔人是生活在加德满都谷地中不同民族之间融合的结果，可能他们的祖先是基拉底人或者更早的民族。尼瓦尔人以群族的方式生活，形成了独特的风俗习惯。每年的因陀罗节（Indra Jatra）尼瓦尔人都要推着战车巡游城内的大街小巷，将节日的气氛推向高潮。尼瓦尔男人穿苏瓦尔（Surwal，裆部宽大腿部较小包裹着脚腕的裤子）和兜拉（Daura，长至膝盖的双排扣衬衫），头戴传统的尼泊尔帽。尼瓦尔女人穿着镶红边的黑色纱丽。

拉伊族人和林布族人在公元前7世纪成为加德满都谷地的统治者，一直到300年战争失败迁徙到尼泊尔东部地势险要的山区。现在许多拉伊族人和林布族人迁徙到德赖平原和印度了。古荣族人有西藏人（Tibetans）和缅甸人（Burmeses）的血统，主要分布在加德满都谷地周边山区。古荣族人信奉古老的苯教（Bonismo）[2]。"罗迪"是古荣族村庄的一大特色，它类似于集会场所，年轻人可以在此聚会，村民可以在此讨论村中事务。古荣族妇女都佩戴珊瑚项链和鼻环。巴浑族人和沙提族人聚居在加德满都谷地城内，占总人口的30%左右。巴浑族人和沙提族人属于最高级的种姓，占据了政府的大部分职位。巴浑族人比其他的印度教教徒更加看重种姓，他们中许多人是素食主义者，也不会饮酒且只在种姓内部通婚（表1-2）。

---

1 何朝荣.尼泊尔种姓制度的历史沿革[J].南亚研究季刊，2007（5）.
2 古荣人信奉的"苯教"指的是"雍仲苯教"，发源于西藏古象雄时期的"冈底斯本"和"玛旁雍错湖"一带，距今有一万八千多年的历史。现在信奉苯教的信徒数量很少，主要分布在中国四川、西藏等地。

表 1-2 加德满都谷地主要民族

民族	社会等级	主要职业	主要居住地
尼瓦尔族	低	商人、农民、雕刻工	谷地内广泛分布
拉伊族	低	农民	谷地周边山区
林布族	低	农民	谷地周边山区
古荣族	低	商人、农民	谷地周边山区
巴浑族	高	公务员	谷地内主要城市
沙提族	高	公务员	谷地内主要城市

3. 宗教

加德满都谷地是一个宗教兴盛之地，全民信教，宗教活动是谷地居民生活不可或缺的组成部分。谷地内有众多宗教，包含印度教、佛教、萨满教（Shamanism）、伊斯兰教（Islamism）和苯教等。在这里，最大的两派宗教印度教和佛教相异而又相互融合。谷地内经常可以看到佛教教徒和印度教教徒同去一座神庙，同一座神庙也同

图 1-4 佛教建筑与印度教建筑相邻而建

时供奉印度教神祇和佛教神像。各个宗教在这里相互影响和融合，基本没有宗教冲突（图 1-4）。佛教徒主要分布在谷地偏远地区，包括生活在那里的塔芒族人（Tamgangs）、夏尔巴族人（Sherpas）和藏族人。印度教教徒则分布较广泛，遍布谷地各地区。

印度教是一个信奉多神灵的宗教，起源于印度中部的雅利安部落。印度教教徒笃信生命轮回，死亡和重生都是为了从轮回中解脱。印度教有三大基本内容：礼拜、火葬和种姓制度。每日早晨，信奉印度教的妇女都会手持盛满各式供奉礼品的铜盘，进行每日必修的礼拜仪式。火葬是每位信徒的愿望，他们都以此为荣，尤其是在神庙前面火葬。巴格马蒂河边的帕斯帕提纳神庙（Pashupatinath Temple）是尼泊尔等级最高的火葬地，只有王室成员才能在神庙的正前方火葬。印度教有四大种姓：婆罗门（婆罗门群族和祭祀种姓）、刹帝利（尼泊尔称为沙提，统治者和战士）、吠舍（商人和农民）和首陀罗（仆人和工匠）。这四大种姓又衍生出许多次种姓。在所有种姓中，神子种姓或者"贱民"的地位最低，处于社会的最底层，不属于任何阶级，从事最卑微的工作。

图 1-5　湿婆画像（左）、毗湿奴画像（中）、梵天画像（右）

印度教的神灵数量太多，一般人很难全部弄清楚这些神灵，而按照这些神灵的化身可以将他们分门别类。印度教有三位主神（图 1-5）：毁灭和重建神湿婆（Shiva）、守护神毗湿奴（Vishnu）以及创世神梵天。大部分神庙都供奉其中一位主神，但是大部分印度教教徒都信奉毗湿奴或湿婆。

公元前 6 世纪左右，乔达摩·悉达多王子实现顿悟，在印度北部创立了佛教。有一种理论认为乔达摩·悉达多不是第一位而是第四位顿悟的佛。佛放弃世俗的生活，追求大彻大悟。佛认为众生都陷于苦难之中，这种苦难源于对世俗的欲望和对欲望价值的幻想。信徒通过"八正道"消除欲望，达到涅槃的境界。佛教经过发展逐渐形成了今天的两个主要派别：小乘佛教和大乘佛教。第一尊佛像出现在佛涅槃 1 000 年后，即 5 世纪，此前的佛教信仰标志是佛塔。佛并不希望塑造自己成为偶像，但是受到印度教神像崇拜的影响，佛教徒逐步违背了佛的本意，修建了大量的寺庙和佛像供信徒参拜[1]。

萨满教历史悠久，最早出现在中国东北和西北地区，如今在加德满都谷地北部山区有一些信徒。萨满教的理论根基是万物有灵论，这种理论将世界分为三个层次：有日月星辰和神灵的上界、人类居住的中界和妖魔鬼怪存在的下界。

伊斯兰教教徒在尼泊尔占有少数（约总人口的 4%），主要集中在尼泊尔与印度交界的边境，还分布在加德满都谷地周边山区。最早的伊斯兰教教徒大多数

1　姚长寿. 尼泊尔佛教概述[J]. 法音，1987（3）.

是克什米尔商人，他们来到谷地进行商业贸易，后来伊斯兰教教徒入侵尼泊尔，给谷地印度教和佛教带来巨大破坏。

藏传佛教是后期西藏佛教反向影响尼泊尔的结果，现在在加德满都有许多处藏传佛教寺庙，采用西藏寺庙的建筑形式。

4. 民风民俗

加德满都谷地由于地处中国与印度之间，地形地势复杂，众多民族之间又相对孤立，因此形成了独特的民风民俗。家庭、民族和种姓制是谷地人民生活的三大要素。虽然现在越来越多的年轻人受到西方文化的影响，但是大多数人仍保持传统的风俗习惯。谷地居民通常一家人生活在一起，在谷地周边小的村庄，整个社区可能就是由一个大家庭构成的。谷地周边农村大部分家庭生活是自给自足，各自种植农作物，并将多余的粮食拿到最近的集市上销售，以换得其他生活物资。村民的生活节奏随季节和节庆的变化而变化，新年、丰收和宗教节日都是谷地居民非常重要的日子。

尼泊尔一年有许多盛大的节日，其中 10 月份的宰牲节（Dasain）、4 月份的新年节（Bhaitika）、9 月份的因陀罗节、11 月份的舞蹈节以及 3 月份的洒红节（Holi）最为隆重。宰牲节是尼泊尔一年中最盛大的节日，共持续 15 天，它是为了庆祝库玛丽（Kumari）女神战胜邪魔而设。节日期间，谷地的人们会屠宰数十万的牲畜，举办各式各样的活动来庆祝节日。雨季结束的 9 月，谷地居民会庆祝因陀罗节，节日期间库玛丽

图 1-6　尼泊尔因陀罗节盛况

活女神会现身，活女神将在花车上巡游老城区的大街小巷（图 1-6）[1]。

1　王宏伟. 尼泊尔：人民和文化 [M]. 北京：昆仑出版社，2007.

小结

加德满都谷地的自然环境对城市建设、宫殿建筑、宗教建筑、民居建造等都产生直接影响，城市的选址与布局、道路建设、发展规模等受地形地势的限制，气候条件和自然资源也影响着谷地城市建设。木材是尼泊尔重要的建筑材料，谷地周边山区有丰富的林木资源，因此，许多人在山区建造房屋。时至今日，加德满都谷地周边山区的民居还用木材建造房屋。

加德满都谷地的人文环境影响了这里的方方面面，大至城市建设，小至生活习惯，处处体现了谷地深厚的人文背景。倘徉在谷地内每一条街巷，你会被周边浓厚的宗教氛围所打动，人们对游客非常友善。印度教和佛教是尼泊尔最大最重要的两种宗教，对整个国家产生深刻的影响。这些影响不仅体现在尼泊尔人的精神境界上，还渗透到尼泊尔人的生活习惯、建筑形式等方面。在尼泊尔，不仅仅是宗教建筑才会出现宗教雕刻和图案，民居建筑也有许多宗教标志。印度教和佛教已经深入民心，影响着人们的生活。

深入研究加德满都谷地自然环境和人文背景有助于了解谷地传统建筑发展的内在逻辑。本书在分析加德满都谷地传统建筑时，综合考虑自然环境和人文背景对传统建筑的影响，力求完整真实地展现加德满都谷地传统建筑。

第二章　城市建设

第一节　城市发展历史

第二节　城市选址与布局特征

第三节　城市发展因素分析

在古代，城市是奴隶主和封建主统治的根据点，也是当时政治、经济、宗教、文化和科学技术成就的体现。尼泊尔是一个宗教国度，宗教建筑在国家中的地位不低于宫殿建筑，甚至高于宫殿建筑。加德满都谷地更是如此，谷地内的城市建设和发展与宗教紧密相连。

加德满都谷地的城市建设有四个基本要素：宫殿、神庙、商业和民居。宫殿建筑占据城市的重要位置，同时也和神庙建筑组合成一个庞大的整体。加德满都谷地内的三座杜巴广场就是典型的宫殿建筑和神庙建筑的集合体。神庙建筑广泛分布在城市内各个地方，可以说有人生活的地方就会有神庙。加德满都谷地三座最重要的城市都是依靠商业发展壮大的，商业对谷地内城市建设影响深远。民居是谷地内数量最多、分布最广泛的建筑。常见的民居通常和商业建筑结合成整体，建筑底层用做商铺，上层用于居住。

第一节　城市发展历史

1. 加德满都城市发展历史

723年，基拉底王朝古纳瓦·德瓦（Gunava Deva）国王主持建造加德满都。国王将这座城市命名为"坎提普尔"（Kantipur），梵文的意思是"光明之城"。当时加德满都面积非常小，不能称为完全意义上的城市，只是一个小城镇。城镇集中建造在毗湿奴马蒂河（Bishnumati River）东侧和巴格马蒂河（Bagmati River）北侧，靠近主要水源。同时以城镇内两条相交的商贸通道为中心，向四周扩张。谷地内地势相对平坦，居民就在城镇周围种植粮食、养殖牛羊（图2-1）。基拉底王朝时期加德满都发展缓慢，当时谷地的重心并不在这里。

李察维王朝时期，加德满

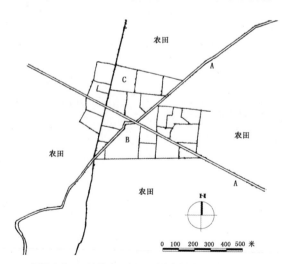

A. 商贸通道　B. 城镇中心区　C. 周边居民区

图 2-1　李察维王朝早期加德满都城平面推想图

都逐步发展壮大。印度与中国西藏之间的贸易使这里逐渐富裕起来，人们新建了许多民居和神庙。传说12世纪时，李察维王朝拉贾·拉齐纳·辛格（Raja Razina Singh）国王用一棵婆罗双树在城镇中心建造了一座三重屋檐建筑，取名"加塔曼达帕"（Kastamandap），梵文的意思是"独木寺"。最初这座建筑是一个社区中心，南来北往的商人在此处休息聚集（名字中"Mandap"表示朝圣者休息处），后来演化为供奉乔罗迦陀（Gorakhnath）的寺庙[1]。此后，城镇以这座寺庙为中心，向四周不断扩张,造城筑墙(图2-2)。"加塔曼达帕"也取代"坎提普尔"成为城市的名称，而后又逐步演变为现在的尼泊尔语名称"加德满都"。

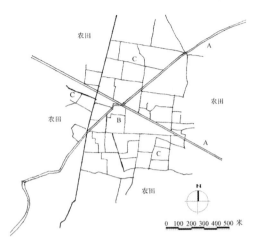

A. 商贸通道　B. 城镇中心区　C. 周边居民区
图 2-2　12 世纪加德满都城镇平面推想图

马拉王朝早期，加德满都的地位是谷地中三座城市最低的，城市发展规模和建筑质量也最差的。第五位马拉国王去世后，他的三位王子分别占据谷地中的三座城市，自立为王。此时，加德满都正式成为首都，城市建设进入高速发展时期。加德满都城市边界跨越毗湿奴马蒂河，向西扩张至斯瓦扬布纳特

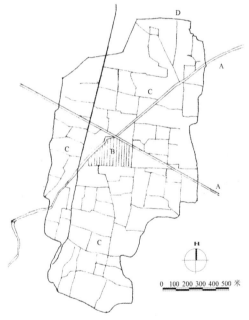

A. 商贸通道　B. 杜巴广场　C. 周边居民区
D. 防御围墙
图 2-3　马拉王朝分裂期加德满都城平面图

（Swayambhunath）附近。统治者在主城区周围建起防御围墙（图2-3）。

1　澳大利亚 Lonely Planet 公司. 尼泊尔 [M]. 北京：中国地图出版社，2013.

1768年，普利特维·纳拉扬·沙阿国王击败了三位马拉国王，重新统一了加德满都谷地。普利特维·纳拉扬·沙阿定都加德满都，从此加德满都的政治地位就高于谷地内其他城市，城市建设也优于谷地内其他城市。沙阿王朝的国王们没有破坏马拉王朝遗留的建筑物，而是很好地保护和加以利用，在此基础上扩建宫殿和神庙，加大城市建设，新建道路、水利等民生工程。

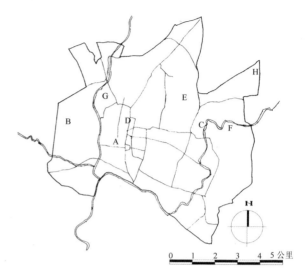

A. 杜巴广场 B. 斯瓦扬布纳特 C. 帕斯帕提纳神庙 D. 老城区
E. 新城区 F. 巴格马蒂河 G. 毗湿奴马蒂河 H. 城市边界
图 2-4　加德满都城平面图

19世纪早期，国家统治者与英国和印度保持良好的关系。1850年，忠格·巴哈杜尔·拉纳出访欧洲后，将英国的新古典主义建筑风格引入尼泊尔，建造了许多新古典主义风格的政府建筑，破坏了尼泊尔传统的砖木建筑风格。进入现代城市的发展期，聚集于加德满都的人口越来越多，城市不断向外扩张。根据官方2011年统计，加德满都城市面积已达395平方公里，人口规模174万（图2-4）。

2. 帕坦城市发展历史

帕坦是加德满都谷地历史最悠久的城市，与加德满都之间仅隔着一条巴格马蒂河。最早的乔帕罗王朝统治时期，谷地中只有帕坦一座城市。基拉底王朝统治时期，帕坦是国家的首都，但是使用的名称是"拉里特普尔"（Lalitpur），梵文的意思是"美丽之城"。当时城市位于巴格马蒂河南部，主城区围绕城内两条商贸通道建设。阿育王造访时在城外四周修建了四座佛塔，用于供奉圣物：东佛塔位于城市中心东南部，东西向古代商贸通道路边，距离王宫约1公里；南佛塔位于城南山顶处，南北向古代商贸通道路边，距离王宫约0.8公里；西佛塔位于城市中心西部，东西向古代商贸通道路边，距离王宫约1公里；北佛塔位于城北古代商贸通道路边，距离王宫约0.6公里（图2-5）。由此可见，当时城市范围仍然非常小。

李察维王朝统治时期，帕坦城市建设进入快速发展期。统治者是信奉印度教的雅利安人，在城内大量新建印度教神庙，一时蔚为壮观。这段时期，大量的移民进入帕坦，城市人口大幅增加，城市建设以位于城市中心的宫殿建筑群为中心，根据种姓等级不断向外围扩张。

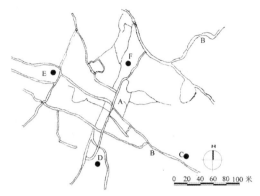

A. 城镇中心区 B. 巴格马蒂河 C. 东佛塔 D. 南佛塔 E. 西佛塔 F. 北佛塔

图 2-5　帕坦阿育王佛塔分布图

马拉王朝初期，帕坦是谷地中最富裕的城市。印度与西藏之间的贸易为国家带来巨大经济利益，统治者不断扩张城市，新建宫殿和神庙。当时，许多当地人称这座城市为"雅拉"（Yala），尼泊尔语的意思是"商业之城"。马拉王朝分裂后，帕坦的地位和加德满都及巴德岗相同，由于地理条件的限制，这时期城市建设规模略逊于另外两座城市。统治者在主城区周围建起防御围墙（图2-6）。

沙阿王朝时期，帕坦的地位低于加德满都，城市建设也停滞不前，几乎成为加德满都的市郊。正因如

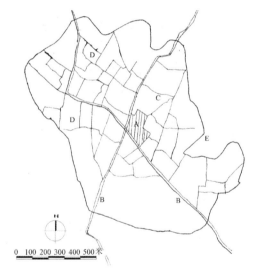

A. 杜巴广场 B. 商贸通道 C. 城市中心区
D. 周边居民区 E. 防御围墙

图 2-6　马拉王朝分裂期帕坦城平面图

此，帕坦城内众多传统建筑得以完好地保存至今。

进入现代文明之后，帕坦城的建设也次于加德满都，城市道路非常拥堵，居民基本生活设施建设不健全。城市新建建筑缺乏整体统一的规划，杂乱无章。在帕坦，同样可以见到许多新古典主义风格的政府建筑，夹杂在红色坡屋顶的传统建筑中，非常突兀。帕坦的城市面积只有加德满都的一半左右，远没有加德满都繁华，夜幕降临之后，游客都会回到巴格马蒂河对岸，此时帕坦就会沉

浸在一片宁静中，就像一座安
静的村庄（图2-7）。

3.巴德岗城市发展历史

巴德岗建设历史没有帕坦和
加德满都悠久，却是加德满都谷
地保存最完好的一座城市。乔帕
罗王朝和基拉底王朝统治时期，
巴德岗仅仅是一座小村庄。当时
村庄建造在商贸通道的北侧，村
庄周围是大片农田（图2-8）。

A. 杜巴广场 B. 阿育王佛塔 C. 老城区 D. 新城区
E. 巴格马蒂河 F. 哈努曼特河 G. 城市边界
图 2-7 帕坦城平面图

李察维王朝时期，大量谷地外居民迁移至巴德岗，村庄规模不断扩大。这一
时期，统治者在这里新建了许多印度教神庙，增强对人们的精神控制。由于靠近
印度与西藏的商道，商业贸易使巴德岗逐步繁荣，村庄扩张成一个小城镇。

12世纪末，阿南达·马拉（Anand Malla）国王执政期间，巴德岗正式成为
独立的城市，并成为国家首都。塔丘帕（Tachupal）街旧城广场就修建于这个时
期，是这座城市最古老的部分。马拉王朝分裂时期，巴德岗进入高速发展时期，
成为谷地内三个马拉王国中实力最雄厚的国家。统治者在城市西侧杜巴广场旁新
建一座市民广场。18世纪，布帕亭德拉·马拉国王统治时期，印度教神庙如雨后

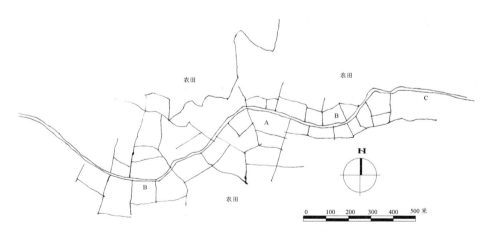

A. 城镇中心区 B. 周边居民区 C. 商贸通道
图 2-8 基拉底王朝时期巴德岗城平面推想图

春笋般蓬勃兴起。全盛时期，巴德岗有172座印度教神庙和佛教寺庙、77座公共水池、172座供朝圣者休息的房屋、152处公共水井[1]。这一时期，统治者也在主城区周围建起防御围墙（图2-9）。印度教的兴盛给这座城市带来了新的名称"卡瓦帕"（Khwopa），尼泊尔语的意思是"信众之城"。

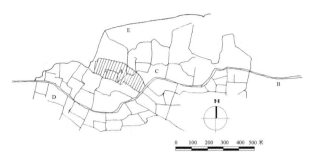

A. 杜巴广场 B. 商贸通道 C. 城市中心区 D. 周边居民区 E. 防御围墙
图2-9　马拉王朝分裂期巴德岗城市平面图

沙阿王朝统治时期，巴德岗是低一等的城市。也正因为这一点，巴德岗的城市面貌一直保持得非常好，传统建筑没有被破坏，城市面貌也没有被新建建筑替代。1934年的地

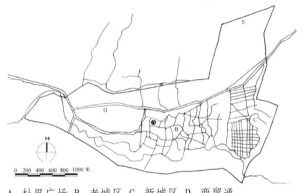

A. 杜巴广场 B. 老城区 C. 新城区 D. 商贸通道 E. 城市边界
图2-10　20世纪70年代巴德岗城平面图

震给这座城市带来毁灭性的打击，大量传统砖木建筑倒塌。20世纪70年代，德国资助巴德岗，在这里修建了良好的排水和污水管道设施，同时对传统建筑进行保护和维修，使巴德岗尽可能地恢复原貌（图2-10）。

现在的巴德岗是保持尼泊尔传统建筑风格最好的城市。传统建筑得到完善的保护与利用，新建建筑也在建筑高度、建筑材料、造型等方面与原有传统建筑保持统一。其中，巴德岗的杜巴广场建筑群在谷地三座杜巴广场建筑中规模最大、保存最为完好。

1　澳大利亚 Lonely Planet 公司. 尼泊尔 [M]. 北京：中国地图出版社，2013.

第二节 城市选址与布局特征

加德满都谷地城市的选址和布局与谷地外城市相差较大，具有很强的地域性，而各种自然环境和人文背景影响着城市的建设。

1. 选址特征

加德满都谷地的城市都是从最初的小村庄逐步发展成一座座庞大的城市，水源、地势、交通等方面影响着城市最初的选址。下文分别从这三方面分析谷地内城市的选址特征。

（1）靠近水源

水源是所有城市选址首先要考虑的问题。一座城市少则几万人，多则数十万人甚至更多，保证居民饮用水关乎城市的安定。同时，水系对城市的交通运输、防洪排涝也起着重要作用。加德满都和帕坦在建城之初就靠近谷地内水系，帕坦城建于巴格马蒂河南侧，最初的城市宫殿距离河流在千米之内（图 2-11）。加德满都则被巴格马蒂河和毗湿奴马蒂河环绕，东、南、西三面都有水源，城内还有两条南北向水系贯穿其中（图 2-12）。巴德岗也有两条水系环绕，城北是卡桑河（Kasan River），城南是哈努曼特河（Hanumante River）。水流较大的毗湿奴马蒂河和巴格马蒂河给帕坦和加德满都带来足够的生活用水，因此聚集在此的居民多于其他地方。位于加德满都与巴德岗之间的提米（Thimi）也是一座较大的城市，城南面是弯曲的哈努曼特河，西面和北面是宽阔的莫洛哈拉河（Manohara River）。

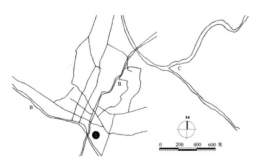

A. 杜巴广场 B. 商贸通道 C. 巴格马蒂河
图 2-11 帕坦水源分布图

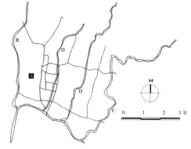

A. 杜巴广场 B. 毗湿奴马蒂河 C. 巴格马蒂河区 D. 城内支流
图 2-12 加德满都水源分布图

提供居民生活用水的不仅仅是宽大的河流，还有涓涓山泉，谷地内几条宽大的河流也是由谷地周围的山泉汇聚而成的。在加德满都谷地，可以经常看到居民提着水桶到山泉汇聚的水池边排队取水。这些水池都具有悠久的历史，年代最久的水池可以追溯至马拉王朝时期。自然水源条件受限制的地方，统治者则会加以改造，巴德岗就有 5 座宽阔的水塘和 9 座取水池（图 2-13）。

（2）地势平坦

城市在建设之初会选择地势平坦之处，加德满都谷地的几座重要城市也不例外。虽然谷地是丘陵地形，地势起伏变化，但是谷地中心位置地势较平坦，便于大面积建造房屋和耕作。加德满都的城市建设是从中心位置先向东、南、西三面扩张，直至靠近巴格马蒂河和毗湿奴马蒂河，最后才逐步向北部地势起伏的山区扩张。因此，加德满都的老城区偏于城市南部，靠近河流。帕坦的城市建设是从靠近巴格马蒂河的老城区逐步向南扩张，传统建筑主要分布在老城区。相对于加德满都和帕坦而言，巴德岗的居住人口较少，因此这里的房屋并不像加德满都和帕坦那样拥挤。巴德岗老城区集中在城市中西部，房屋建造较随意，城市东部的新城规划整齐划一，和老城区格格不入。

（3）交通便利

交通便捷性是城市选址必须要考虑的问题，这关乎城市未来的发展。加德满都谷地内最早形成一定规模的三座城市都是依靠便利的交通发展起来的，谷地与外界的联系主要通过南北向和东西向两条商贸通道。最先形成城市的帕坦位于两条商贸通道的交叉口，便利的交通使这里聚集了大量流动人口，形成村庄，逐步发展形成城市。第二座形成的城市是加德满都，加德满都同样位于两条商贸通道交叉口，但是居于商贸通道的下游，因此形成城市的时间晚于帕坦。巴德岗是第三座形成的城市，其位于东西向商贸通道的上

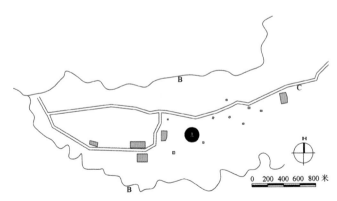

A. 杜巴广场　B. 卡桑河与哈努曼特河　C. 商贸通道

图 2-13　巴德岗水源分布图

游，随着贸易的发展逐步形成村
庄，进而建设成城市（图2-14）。

2.布局特征

加德满都谷地内城市因地
形、交通、宗教等方面影响，布
局特征各不相同。帕坦呈放射状
布局，巴德岗呈带状布局，加德
满都呈棋盘状布局。

（1）放射状布局

帕坦城市面积较小，三面环
水一面靠山，城市发展受限制。
帕坦老城区初建时位于城市中心
偏东，老城区中心是皇宫和神庙，
代表最高权力的王权和神权控制
着城市的核心——商贸通道。皇
宫和神庙周围是高种姓居民的商
铺和民居，再外围是低种姓居民
的住所。从阿育王造访帕坦所留
下的四座佛塔可以看出，当时城
市建设以皇宫为中心。

帕坦老城区的主要道路都直
接通向杜巴广场，各条主道之间
由多条支路连接，形成放射网状

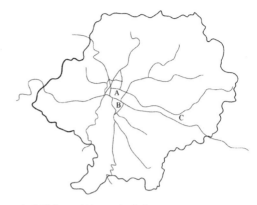

A. 加德满都 B. 帕坦 C. 巴德岗
图 2-14 马拉王朝分裂期加德满都谷地交通图

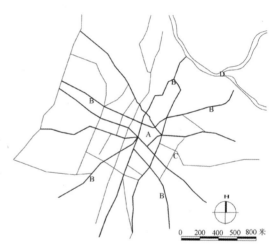

A. 帕坦杜巴广场 B. 城市主干道 C. 城市支路
D. 巴格马蒂河
图 2-15 帕坦主城区交通图

（图2-15）。帕坦主城区神庙主要集中在杜巴广场，其他小神庙以杜巴广场为中
心均匀分布在城内。

（2）带状布局

巴德岗城市布局特征完全不同于加德满都和帕坦，呈带状布局特征。这种城
市布局特征主要受地形和商业贸易影响。巴德岗城市东南两面环山，西北两面环
水，可建设用地呈长方形，同时，一条商贸通道东西向贯穿整个城市。城市形成

之初，居民沿商贸通道两侧建造房屋。久而久之，民居向商贸通道两侧扩张，通过一条条主路垂直连接商贸通道，主路之间连接支路，形成带状格局（图2-16）。

（3）棋盘状布局

加德满都是谷地内可建设用地最大的城市，因此老城区没有帕坦老城区那么拥挤。加德满都老城区同样是依靠商贸通道建设发展的，杜巴广场位于商贸通道的交叉口。杜巴广场周围依次是高种姓民居和低种姓民居，但是不同于帕坦老城区放射状布局，加德满都老城区整体呈棋盘状，除商贸通道斜向外其他道路基本保持水平向和垂直向，平面类似于九宫格，九宫格的中心位置是杜巴广场（图2-17）。

第三节　城市发展因素分析

在城市发展过程中，众多因素会影响城市的形成和发展，例如区位、地理环境、气候、社会文化等。加德满都谷地中的城市历经了两千多年的发展，逐渐形成现在所见的状态。虽然尼泊尔先后经历了几次大规模的人口移民和毁灭性的入侵，但是加德满都谷地依然保持了相对稳定持续的发展。在众多影响因素中，地理、气候、人口移民、宗教文化、商业贸易都发挥了重要作用。

1.地理环境和气候

加德满都谷地四面环山，仅在四面有四个开口与外界联系，这样的地理条件保证了谷地的安全，降低谷地被外族入侵的可能性。从加德满都谷地历史看，2 000多年来，这里一共经历了5个封建王朝，相比其他地方，加德满都谷地环

A. 巴德岗杜巴广场 B. 城市主干道 C. 城市支路
D. 卡桑河与哈努曼特河
图2-16　巴德岗主城区交通图

A. 加德满都杜巴广场 B. 城市主干道 C. 城市支路 D. 巴格马蒂河
图2-17　加德满都主城区交通图

境是非常安全和平静的。

加德满都谷地中心区域平整,只有一两处高地,谷地中有几条河流,其中最著名的是巴格马蒂河、毗湿奴马蒂河、卡桑河及哈努曼特河。人的生活离不开水,几条河流给人们提供了生活用水和农业用水,同时也起到泄洪排水的作用。谷地中最初的城市建在靠近河流的高地上,加德满都和帕坦是谷地中最大的两座城市,两座城市位于巴格马蒂河西岸。现在仍然可以发现,靠近河流的建筑等级都是比较高的,最著名的是巴格马蒂河旁的帕斯帕提纳神庙。

由于谷地被山体围合,城市的发展扩张也受到限制,因此,城市中的道路非常狭窄,除了几条重要商贸通道外,其他普通道路宽度只有5~6米,两辆车相向行驶必须缓慢互让才能顺利通过。不论新建建筑还是传统建筑,都是三到四层高,几乎看不到三层以下的建筑。同时,建筑之间的间距也非常小,只容得下一个人行走,甚至许多建筑的山墙面直接相贴。

加德满都谷地处喜马拉雅暖温带,终年气候宜人,夏季平均气温28摄氏度,冬季平均气温10摄氏度。因为谷地周围群山围绕,夏季自然风速很低而有闷热之感。冬季群山阻挡了来自北方的寒流,保证了谷地的温暖。不论哪个季节,当地人都身穿一件薄衣服,脚穿拖鞋。温暖的气候给当地的农作物生长带来好处,终年都可以种植作物。但是,由于受季风气候的影响,每年的6月至9月是雨季,每天早上开始下雨,到傍晚的时候才停息。雨季过后就是长达8个月的旱季,此期谷地中很少降雨。贯穿谷地的几条河流可以满足农业用水的需要,保证了农作物的生长。

加德满都谷地特殊的地理条件和气候条件,给谷地的发展带来便利,同时也限制了谷地的人口规模。虽然经历多次的人口移民,但是谷地人口总数始终保持在可接受的水平。进入现代文明之后,加德满都谷地的发展非常迅速,大量人口涌入谷地,给城市带来巨大压力,基础设施落后、环境污染等问题已经严重制约谷地的发展。

2. 人口移民

加德满都谷地城市发展和移民有直接的联系,从谷地历史看,每一次王朝更迭都会有一次人口的迁徙。2世纪,来自印度东北部的李察维人入侵加德满都谷地,打败基拉底人,建立李察维王朝,成为谷地新的统治者。李察维人给谷地带来先进的农业技术、工艺技术和贸易技术，为谷地发展奠定坚实的基础。12世纪，来自尼泊尔西部的马拉人进入加德满都谷地，打败了李察维人，建立了强大的马拉王朝。马拉人善于经营贸易，控制着印度与西藏之间的贸易往来，使国家非常富裕。马拉王朝期间，谷地内修建了大量宫殿、神庙、民居、水池等建筑，蔚为壮观。这一时期被称为尼泊尔"辉煌的中世纪"。14世纪，来自印度北部的穆斯林军队入侵尼泊尔，大肆破坏印度教建筑和佛教建筑，给谷地带来巨大的损失。经历多年抵抗，尼泊尔才恢复和平，大量宗教建筑得以修复重建。15世纪，马拉王朝分裂，谷地分为三个小国家，但是这进一步促进了谷地宗教建筑和宗教文化的发展。18世纪，来自尼泊尔北部的廓尔喀人（Gurkhas）进入加德满都谷地，统一谷地，建立了沙阿王朝。这次人口移民没有给这里带来大的损失，廓尔喀人没有破坏马拉王朝遗留的建筑，而是保护和利用这些建筑，并进一步修建神庙以取悦神灵。

除了这几次大规模的人口移民，谷地不断有各地的人涌入。谷地独特的地理位置、气候环境，一直吸引着周边地区的人进入。更重要的是，加德满都谷地是印度教和佛教圣地，这里有众多印度教和佛教名胜古迹，每年有大批信徒不远千里来此朝拜。历史上，中国的法显、玄奘都曾到访过加德满都谷地。

进入现代文明之后，加德满都作为国家政治、经济、文化的中心，大量山区民众进入谷地寻求工作，为谷地城市发展贡献力量，同时也给城市基础实施等方面增加压力。

从加德满都谷地历史看，这里一直有大量人口涌入，新的人口进入给谷地带来新的活力，激发出新的潜能，促进了谷地城市发展。

3. 宗教文化

尼泊尔是一个宗教国度，最能体现这一点的就是加德满都谷地。置身于谷地中，到处都可以看见美轮美奂的印度教建筑和雕刻以及佛教寺庙和佛像。加德满都谷地最早出现的宗教是佛教，相传释迦牟尼在谷地的一个精舍修行布道了2—3年，发展了众多信徒。公元前249年，阿育王到访谷地，在帕坦城四周修建四座佛塔，为谷地佛教发展奠定坚实的基础。尼泊尔的印度教是2世纪由印度东北部的李察维人传入的，最初作为王室的宗教，后来逐步成为普通民众的宗教。在此期间，佛教和印度教之间没有发生激烈的斗争，两者相互融合，因此出现了现在可见的印度教教徒也信奉佛教神灵的现象。宗教对谷地城市的建设和发展起到至关重要的作用。

首先，加德满都谷地位于印度和西藏之间，是印度教文明和佛教文明的中间缓冲区域。谷地中大量印度教和佛教圣地吸引众多信徒前来朝圣和定居，为城市的发展提供大量人口。

其次，印度教作为统治者确立的宗教，其地位高于佛教。所以，在加德满都谷地中的印度教建筑等级都非常高，统治者也都以印度教神灵的化身自居，并以此身份来管理国家。国王的宫殿和印度教神庙是紧密联系的，出现了神庙建筑与宫殿建筑紧密相连的建筑组合形式——杜巴广场。杜巴广场多位于城市的中心位置，统领整座城市。城市的发展以杜巴广场为中心，结合地形，向外围逐步扩张。

最后，印度教所包含的种姓制度对城市的发展也起到重要影响。统治者是最高等级的种姓，居住在杜巴广场的宫殿中。其他高种姓的人围绕杜巴广场建造房屋居住，低等级种姓人居住在高种姓居住区的外围，距离最高等级的政治、宗教、文化中心较远。最低等级的贱民只能居住在城市的边缘，也不被允许进入印度教神庙内部[1]。

宗教对城市结构也有重要影响，主要体现在道路网体系和建筑功能布置上。谷地内城市道路基本是平直的，与印度教曼陀罗（Mandara）图案相契合。等级最高的宫殿和神庙建筑居于曼陀罗的中心，其余建筑围绕中心建筑布置。

4. 商业贸易

在众多影响加德满都谷地城市发展的因素中，商业贸易是最重要的。谷地有限的区域之所以能发展成为城市，与其繁华的商业贸易有至关重要的联系。在谷地的北端，有两条越过喜马拉雅山通往西藏的重要通道：库蒂（Kuti）和喀隆（Kerung）。谷地中三座城市都是由小村镇发展而成，三个村镇位于印度与西藏的商道上。

加德满都和帕坦城市内贯穿着两条相交的商道，巴德岗被一条商道分为南北两部分。商业贸易是谷地最主要的经济来源，每个王朝都非常注重对商道的控制。

1　魏巨山. 尼泊尔帕克塔布城之建筑特色[J]. 装饰，2003（11）.

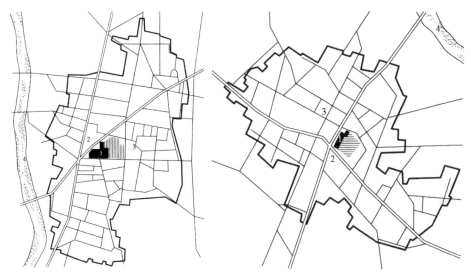

1. 加德满都杜巴广场 2. 商贸通道
3. 城市道路 4. 巴格马蒂河
图 2-18 马拉王朝时期加德满都交通图

1. 帕坦杜巴广场 2. 商贸通道 3. 城市道路
4. 巴格马蒂河
图 2-19 马拉王朝时期帕坦交通图

加德满都和帕坦的杜巴广场位于城内两条商道的交汇处，直接控制着商业贸易（图 2-18、图 2-19）；巴德岗的杜巴广场位于城市北侧，也非常靠近商道。三座城市对商业贸易控制力不同，因此每座城市的经济实力有较大差距（图 2-20）。加德满都对商道的控制最强也最富有，城市规模和宗教建筑最壮观；帕坦对商道控制较强，城市建设很好；相比之下，巴德岗只控制一条商道，因此城市规模小于谷地中

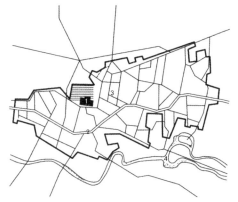

1. 巴德岗杜巴广场 2. 商贸通道 3. 城市道路 4. 哈努曼特河
图 2-20 马拉王朝时期巴德岗交通图

另外两座城市。加德满都和帕坦的居民和聚集的商人多于巴德岗，城市的建筑密度也高于巴德岗。正因如此，巴德岗的杜巴广场比加德满都和帕坦的杜巴广场都要开阔，城内建筑密度低于加德满都和帕坦。

商业贸易对城市的影响还体现在宗教建筑上。印度人信奉的多为印度教，西藏人信奉的多为藏传佛教，通过商业贸易，两种宗教在加德满都谷地相互交融。

虽然现在谷地中可见的宗教建筑与雕刻大部分属于印度教，但是佛教建筑在这里是被普遍接受的，印度教神庙中常出现佛像。

商业贸易对城市路网也产生影响，商道比普通道路宽大，贯穿整座城市。普通道路从商道上延伸，相互交错，划分出各个区域，街巷又从普通道路上延伸，如此形成错综复杂的路网。这种主次分明的道路很好地解决功能分区问题，大的功能区之间通过商道连接，小的功能区之间通过街巷连接，使得功能分区明确。

小结

尼泊尔的城市建设状况各不相同，影响城市发展的因素也多种多样。在众多影响因素中地形地势、气候、宗教文化、人口迁移、商业贸易等起关键作用。加德满都谷地三座城市的影响因素最多。首先，地形地势限制了谷地中城市的发展范围，因此建筑只能向竖向发展，不论等级较高的宫殿和神庙还是普通民居，都是三层至四层高。其次，气候决定了建筑需要采用坡屋顶的形式。再次，宗教文化的入侵和人口迁移给城市带来新的活力，造就了加德满都谷地多种宗教相互融合的文化现象。最后，商业贸易的发展为谷地带来经济支持，谷地中大量传统建筑都建造于商业贸易发达的马拉王朝时期。

第三章　宫殿建筑

第一节　发展历史

尼泊尔有八处载入《世界文化遗产名录》的古迹，除一处在佛祖诞生地蓝毗尼外，其余七处都在加德满都谷地，其中就包括谷地内著名的三座老王宫广场建筑群——杜巴广场。走进加德满都谷地的三座杜巴广场，就像走进了尼泊尔传统建筑与艺术的历史博物馆，这里向人们展示着尼泊尔最辉煌的建筑与雕刻艺术、尼泊尔人传统的生活方式。宫殿在尼泊尔语中称为"拉雅库"，专门指宫殿建筑。

尼泊尔的历史是从各种神话故事开始的，因此没有史料确切地显示哪里才是尼泊尔最初的政治中心。有人认为，加德满都谷地南部一个叫廓达瓦里的地方是尼泊尔第一座王宫"帕图克"所在地。但是，在这里找不到任何宫殿建筑遗址。相传在廓卡纳（Gokarna），曾经有一座由李察维王朝马纳·希瓦（Mana Shiva）国王修建的王宫。但是，现在同样找不到任何建筑遗址[1]。

李察维王朝第一位国王统治时期，尼泊尔的政权从廓卡纳迁移到帕坦。此后，阿姆苏·瓦尔马（Anshu Varma）国王在帕坦修建了一座名为凯拉斯库特（Caillaskurt）的王宫。根据史料记载，该王宫是一座七层高的大厦，屋顶为铜质，散发着金子般的光芒。柱子、走廊、门窗、阳台以及天花板都雕刻精美的图案，局部还镶嵌五彩斑斓的宝石，议事厅内装饰了精美的雕像。宫殿的四角有鱼形铜质龙首，龙首在喷水时犹如彩虹飞天，王宫顶层是一个能容纳万人的大厅。651 年，中国唐朝高僧道宣在《释迦方志》[2]中对这座王宫进行了描述："城内有阁高二百余尺，周八十步，上容万人，面别三叠，叠别七层，徘徊四厦刻以奇异，珍宝饰之。"根据尼泊尔一块 600 多年历史的碑铭记载，凯拉斯库特王宫的确切位置应该就在现在帕坦王宫北端的科特庭院（Kaukot Chowk），这里是李察维王朝早期宫殿所在地。李察维王朝兴衰持续了 1 000 多年（2—12 世纪），后来由马拉王朝取代。

马拉王朝持续了 400 多年（13 世纪—1768 年），王朝前期首都是巴德岗（巴克塔布尔）。这里是印度与中国西藏商业贸易通道的必经之地。巴德岗由高大的围墙和两座城门保护，城内著名的 55 扇窗宫即修建于巴德岗的繁盛时期。亚克

1　周晶，李天.加德满都的孔雀窗——尼泊尔传统建筑[M]. 北京：光明日报出版社，2011.

2　《释迦方志》是一部介绍释迦牟尼佛诞生地和布道传经史迹的著作，由唐代道宣编写，成书于650年，全书分为八篇。

希亚·马拉（Yaksha Malla）国王在王宫西侧的大门口修建了一座巨大的水池，供人们日常生活使用，期望他的国家在水的滋润下繁荣昌盛（图3-1）。这位国王还在城市的八个角修建了八座母亲女神庙，期望女神保佑国家能千秋万代。

亚克希亚·马拉国王去世后，他的三个儿子分别在加德满都、帕坦和巴德岗自立为王。三位国王不仅仅在政治上争强好胜，在取悦神灵上也是极力攀比，极尽奢华来彰显对神灵的敬畏，祈求神灵的保护，给后世留下了精美绝伦的建筑。三位国王互相攀比之时，廓尔喀人的威胁逼近了，最终沙阿王朝取代了马拉王朝。幸运的是马拉王朝精美的建筑艺术没有随王朝而去，沙阿王朝较为完整地保留了马拉王朝辉煌的宫殿和精美的神庙，现在向世人展示的绝世雕刻和建筑许多都是马拉王朝的遗存。

沙阿王朝首都为加德满都，此时加德满都的地位高于帕坦和巴德岗，因此宫殿修建活动也明显多于另外两座城市。现在的加德满都杜巴广场很多地方都经过重新修建。英国新古典主义风格对加德满都杜巴广场产生了很大影响，纳萨尔庭院（Nasal Chowk）的建筑群就充满浓郁的欧洲建筑风情。

在谷地三座最大的城市中，宫殿都位于城市中心，宫殿四周有较大的广场，若干神庙散布在广场上。以宫殿为中心向外辐射出若干的街道，迷宫一般的街道让人难辨方向，各种店铺和作坊隐藏在街巷中。从现在的建筑格局中，清晰可见传统尼泊尔宫殿建筑群的布局特点：一组带有庭院的宫殿建筑由多重檐的神庙或者石柱围绕。因此，以庭院来称呼宫殿建筑群，比如纳萨尔庭院、莫汉庭院、穆尔庭院。这些带有庭院的宫殿建筑形式大多在5—6世纪就已经形成。406年，中国的高僧法显来到尼泊尔，他的记载中有"阿舒巴马修建了一个带有很多美丽

庭院的杜巴广场"的叙述。7世纪，唐朝使者李仪表和王玄策通过"芒域"（吉隆山口）抵达尼泊尔，造访了加德满都，受到当时国王盛情款待。他们在记载中也描述了加德满都谷地众多高耸的建筑，可惜这些文字和现在的情形不大符合，因为这里的建筑从平面到立面都经过多次修缮改

图3-1　巴德岗西大门旁水池

动，在加德满都可能只有独木寺和王玄策描述相似。

第二节　主要宫殿建筑

1. 加德满都宫殿

加德满都的老王宫称为"哈努曼多卡宫"（Hanuman Dhoka），意思是神猴门，因王宫入口前神猴哈努曼雕像而得名，这个名字也被用来称呼整座宫殿区域（图 3-2）。加德满都从沙阿王朝开始成为尼泊尔的首都，直到现在一直是政府所在地，所以加德满都王宫比其他两处的王宫更为重要，不仅扩建和改建比另外两处王宫多，风貌的变化也最大。

图 3-2　加德满都老王宫入口处神猴哈努曼雕像

（1）概况

加德满都始建于 723 年基拉底王朝古那迦德瓦国王统治时期。据说，这位国王得到女神的启示，每天花 10 万卢比，兴建了 18 000 多所房屋，其中包括许多神庙。但是加德满都王宫的最初建筑时间和最初建造模样无从考究。在马亨德拉·马拉（Mahindra Malla）国王统治时期，加德满都王宫形成一定的规模，与谷地中其他王宫相似，加德满都王宫由一个个围绕着庭院的宫殿组成。现在仅剩下 9 个庭院，建筑大多是三四百年前修建的。马亨德拉·马拉国王统治时期，加德满都进入了宫殿建设的高速期。据说此位国王爱民如子，每天都要从宫殿的窗户里看到家家都炊烟升起，确定子民都有饭吃才安心地吃饭。

1564 年左右，马亨德拉·马拉国王修建了穆尔庭院。该庭院是整座宫殿最重要的庭院，重要的宗教仪式都在这个庭院举行。庭院建筑风格与佛教寺院相似，庭院四周围绕着一座两层高的建筑。穆尔庭院供奉着马拉王朝王室女神塔莱珠（Tale Ju），每年宰牲节期间，人们都会在庭院中杀牲祭神。国王在新建穆尔庭院时，还在杜巴广场北侧修建了著名的塔莱珠女神庙，该神庙高 36.6 米，是加德满都谷地三座王宫塔莱珠女神庙中最高大的一座。

在马亨德拉·马拉国王之后再一次大规划的修建是在普拉塔普·马拉（Pratap Malla）国王时期。据说纳萨尔庭院就是由这位国王下令修建的，但是具体的修建年代无从考究。纳萨尔庭院是用于皇家歌舞表演和举行加冕仪式的地方，这种传统一直延续到2008年，2001年贾南德拉·沙阿国王就在这里加冕。这座长方形的庭院呈南北向，大门位于西北角，在大门边有一个短小但雕刻异常精美的门廊，这里曾经是通往马拉国王私人住所的通道。门后面有一尊巨大的纳辛哈（Narsingha）雕像，纳辛哈是毗湿奴的其中一个化身，呈半人半狮状，双手在用力撕开恶魔的肚子（图3-3）。这座石雕由普拉塔普·马拉国王于1637年建造，底座的铭文表明之所以将神像放在此处，是因为国王曾扮成纳辛哈跳舞而冒犯了毗湿奴，他为此感到害怕，纳萨尔在尼泊尔语中有"舞蹈者"之意。

纳萨尔庭院西北面与之相连的是莫汉庭院，修建于1649年，是国王和其家人的住所。后来的沙阿国王对此庭院进行了修缮，使其更具加现代化功能。王宫暂时不对外开放，只能从特里布汶博物馆远处眺望。

加德满都王宫的名称哈努曼多卡宫是从普拉塔普·马拉国王开始的。1672年，国王为了防止鬼魅和疾病侵扰王宫，在王宫入口左侧竖立了一尊哈努曼雕像，以驱赶威胁王宫的鬼怪。现在雕像的两侧各有一面铜质尼泊尔国旗。宫门两侧分列两头石狮子，湿婆神和妻子帕尔瓦蒂（Parvati）分别坐在上面（图3-4）。宫门上方是三组精细绚丽的铜雕图案。中间组是密宗中凶恶的克里希纳神（Krishna），

图3-3 半人半狮纳辛哈像　　图3-4 宫门两侧雕像

图 3-5　官门上方雕刻

图 3-6　毗湿奴卧于纳加上雕像

克里希纳神张牙舞爪，仿佛在吓唬妖魔鬼怪。左边组是印度教中温和的克里希纳神，克里希纳神上身体被涂刷成蓝色，与蓝色背景相统一，两个头戴葫芦状饰品的挤奶工伴在他身边。右边组是普拉塔普·马拉国王和他的王后以及王子，国王双膝下跪在祈祷，王后和王子分列两侧（图 3-5）。在神猴宫的御花园里面，国王还仿照尼拉坎塔神庙（Nilakantha Temple）中的毗湿奴雕像修建了一座有毗湿奴仰卧于盘旋的大蛇纳加身上的水池，这样国王可以每日在王宫内祈祷（图 3-6）。

　　沙阿王朝定都加德满都之后，普利特维·那拉扬·沙阿国王继续将哈努曼卡多宫作为王宫使用。和马拉王朝的国王们一样，沙阿王朝的国王们也热衷于王宫建设，历任国王都对王宫进行了一定规模的改造和扩建，使其形成了现在的格局和样式。普利特维·那拉扬·沙阿国王统一谷地之后，首先将纳萨尔庭院里面马拉王朝时期修建的巴克塔布尔神庙（Bhaktapur Temple）由四层加建至九层，后来他的儿子又加建了三座塔。

　　1757 年，库玛丽女神预言马拉王朝即将灭亡，于是要求国王为自己修建一处永久性住所，使他们有一个稳定的家。在此之前，国

图 3-7　加德满都库玛丽女神庙

王都是在王宫中供奉活女神，却没有一座专门的宫殿供其居住。国王答应了活女神的请求，仅耗时 6 个月就在杜巴广场的最南端建成库玛丽神庙（图 3-7）。200多年来，历任玛丽女神都居住在这座神庙中，偶尔会从雕花的木窗中探出头来。

　　加德满都杜巴广场于 1979 年被联合国教科文组织列入《世界文化遗产名录》。此后，整个广场的形态、布局及单体建筑没有发生变化，正如现在所见（图 3-8）

1. 库玛丽神庙 2. 独木寺 3. 纳拉扬神庙 4. 湿婆—帕尔瓦蒂神庙 5. 嘉格纳特神庙
6. 因陀罗神庙 7. 毗湿奴神庙 8. 塔莱珠神庙 9. 翠里连庭院 10. 莫汉庭院 11. 纳萨尔庭院 12. 穆尔庭院 13. 罗罕庭院 14. 桑德利庭院 15. 莱姆（Lam）庭院 16. 卡尼尔（Karnel）庭院 17. 穆迪（Mudhi）庭院
图 3-8　加德满都杜巴广场平面简图

（2）主要庭院

①穆尔庭院

穆尔庭院是王宫建筑群中完全用于宗教活动的庭院，位于建筑群的东面，与罗罕庭院相接，院门西通往纳萨尔庭院。宽敞的正方形庭院周围是两层楼高的建筑，建筑一层有开敞的长廊，南边是马拉国王的住宅。庭院中间有许多低矮的木柱，是每年德赛节（亦称宰牲节，尼泊尔一年之中最盛大的节日，共持续15天，是为了庆祝杜尔迦（Durga，即难近母）女神战胜水牛魔王而设的）宰杀数万头牛羊的地方。庭院西侧殿堂内的三尊雕像是国王普利特维·纳拉扬·沙阿和他的两位王后。每年德赛节献神花和杜尔迦女神等重要活动都在这里进行。

②纳萨尔庭院

纳萨尔庭院是加德满都王宫中较大的庭院，因其南侧的纳萨尔希瓦小神庙而得名。马拉王朝时期，这个庭院是王宫剧场，是进行歌舞表演和国王接见臣民的场所，庭院中央有一个方形的石台，供歌舞艺人表演使用。沙阿王朝时期，庭院作为国王举行加冕礼使用，马拉王朝时期的表演舞台作为加冕台使用。庭院北面建筑的一层开敞大厅里，摆放着马拉国王的宝座和沙阿国王们的肖像画。庭院的西侧与南侧是白色四层新古典主义

图 3-9　新古典主义风格的纳萨尔庭院

风格建筑室（图3-9），建筑的二层曾经是国王的办公场所。庭院东北角是著名的9层高巴克塔布尔塔。

③莫汉庭院

莫汉庭院位于纳萨尔庭院北侧，是普拉塔普·马拉国王于1649年兴建的。马拉王朝时期，此庭院是国王的寝宫，也是国王接见贵宾，进行会谈和签约的地方。莫汉庭院只有国王和王室成员可以进入，不对外开放，并且只有在这个庭院出生的王子才有王位的继承权。马拉王朝的最后一位国王贾亚·普拉卡什·马拉（Jaya Prakash Malla）在执政期间遇到重重困难，虽然他正统继承人的身份未遭置

疑，但是人们将出现苦难的原因归结于他出生在别处。莫汉庭院周围为三层高的建筑，建筑四角还建造了四座砖塔，代表加德满都谷地四座最老的城市。这几座塔分别是加德满都塔（Kathmandu Tower）、奇提普塔（Kertipur Tower）、巴克塔普尔塔（Bhaktapur Tower）、帕坦塔（Patan Tower），可惜现在只能看到三座塔。庭院中央非常具有特色的浴池修建于17世纪，池壁安装的金质水龙头被称为桑得拉（Sundhara），水是从谷底北部9公里之外的布塔尼堪纳特（Budhanilkantha）引来的，在当时这是非常了不起的水利工程。国王每天早晨都要在3.5米深的水池中沐浴，然后登上池边巨大的石雕王座，进行早晨的祈祷。

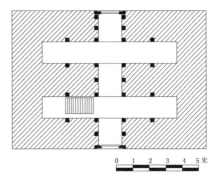

图 3-10 巴克塔普尔塔一层平面

（3）主要建筑

①巴克塔普尔塔

巴克塔普尔塔是谷地内建筑层数最高的神庙，共九层（不计六层与七层之间的夹层）。塔每一层都有不同的使用功能，第一层是马拉国王们登基的地方，第二层是国王接见臣民和外宾的地方，第三层是王后凭窗观看歌舞的地方，顶层是国王吃饭时俯瞰全城的地方。从外立面看此塔有四重屋檐，且屋檐出挑深远。塔一层至三层空间狭小，由厚重的墙体包围，木柱隐藏在墙体中，一部楼梯通向楼上空间，长约12米，宽约8米（图3-10）。随着塔楼层增加，塔内砖墙越来越薄，主要通过木柱承托荷载。塔四层向四周出挑2米宽阳台，增加室内使用空间（图3-11）。塔七层室内由18根木柱支撑，形成整体空间，四面中间部位向外出挑1米宽阳台（图3-12）。塔九层四角由木柱和墙体支撑，中间由22

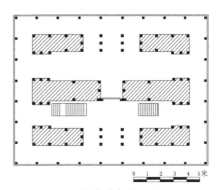

图 3-11 巴克塔普尔塔四层平面

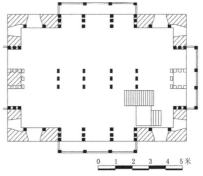

图 3-12 巴克塔普尔塔七层平面

根木柱支撑（图 3-13）。

巴克塔普尔塔不同于谷地内其他塔，整体向上没有明显收分，仅八层和九层向内收缩 2 米（图 3-14）。由于此塔位于穆尔庭院、纳萨尔庭院和莫汉庭院的交接处，因此体量有所减小。

② 独木寺

独木寺具体修建年代无法确定，但根据当地文献记载，大约修建于 12 世纪。这座神庙最初是一座公共活动中心，南来北往的朝圣者和商人在此聚集，后来逐步演化为供奉乔罗迦陀的寺庙。

寺庙有三重屋檐，整体向上逐渐收缩。一层中央供奉着乔罗迦陀的脚印，神位后侧是通往二层的楼梯（图 3-15）。二层与一层在同一个屋檐下，由中心四根木柱和一圈木柱及墙体支撑，从外立面很难辨别寺庙的层数（图 3-16）。寺庙三层有向外出挑 1.5 米的阳台，通过水平插入墙体的木梁支撑，空间非常开阔（图 3-17）。寺庙四层面积较小，通过 24 根木柱支撑屋顶（图 3-18）。

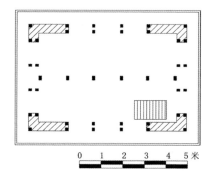

图 3-13　巴克塔普尔塔九层平面

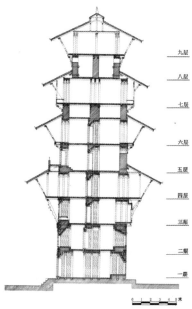

图 3-14　巴克塔普尔塔剖面

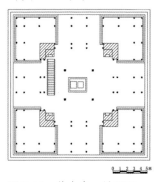

图 3-15　独木寺一层平面

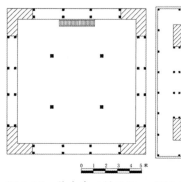

图 3-16　独木寺二层平面

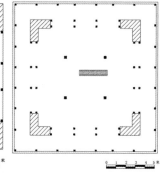

图 3-17　独木寺三层平面

寺庙主要通过四根木柱和四片砖墙承重，木柱由一层贯穿至四层，墙体贯穿至三层（图3-19）。从立面看，寺庙呈三角形状，向上收缩，三层出挑阳台开敞，可登临远眺（图3-20）。

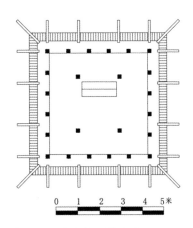

图 3-18 独木寺四层平面

2. 帕坦宫殿

几乎所有到加德满都谷地的游客都会前往帕坦的杜巴广场参观游览，这里的神庙和宫殿可谓尼泊尔最精美的。帕坦的夜晚和加德满都差别很大，加德满都夜晚灯火通明，各种店铺、饭店人头攒动，而帕坦的夜晚非常宁静。帕坦有着悠久的佛教历史，甚至对城内的印度教神庙都产生一定的影响。2 500 年前，印度孔雀王朝国王阿育王造访加德满都谷地时，在城市的四个角修建了四座佛塔。这 4 座佛塔非常值得参观，尤其是在充满吉祥氛围的 8 月满月期间，佛教徒和印度教徒都会用一天时间来绕行 4 座佛塔。帕坦一直由当地贵族统治，直到 1597 年希瓦·辛哈·马拉（Shiva Singh Malla）国王攻占这座城市，实现加德满都谷地的统一。在马拉王朝统治的 16 世纪至 18 世纪，帕坦的建筑活动空前繁荣。

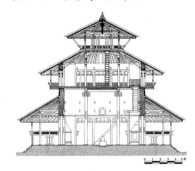

图 3-19 独木寺剖面

帕坦王宫有一段凄美的传说，这使得这座王宫更加神秘。在杜巴广场正对着德古·塔莱珠女神庙国王柱上，有一尊名为尤加纳兰德拉·马拉（Yoganarender Malla）国王的雕像。

图 3-20 独木寺立面

传说这位国王因为儿子夭折而心力交瘁，在为自己和儿子各立了一根石柱之后便把权力交给大臣，带着后妃 31 人隐居乡间。非常不幸的是他不久便遭人毒害，他在死之前对大臣说：只要我雕像头上的那只鸟不飞走，你们就要相信我还活着。国王死后后妃们也自焚殉葬。大臣们谨遵圣命，在王宫里一直为国王保留一间房间，房间的窗户每天都敞开。但是人们还是认为国王头上的那只小鸟总有一天会飞走，据说到了那天，湿婆神庙前面驮着国王的大象会走到科特庭院北侧水池中喝水。

（1）概况

帕坦的王宫是谷地中最为古老的，但是现在所见的王宫是 15 世纪末至 18 世纪中叶修建的，前后不到 300 年。根据尼泊尔编年史记载，16 世纪末，加德满都希瓦·辛哈·马拉国王打败帕坦国王之后，让其儿子哈里哈尔·马拉王子前往帕坦掌管政务，在他赴任前，国王送给了他一尊德古·塔莱珠女神雕像。塔莱珠女神是马拉国王的家庭女神，希瓦·辛哈·马拉国王希望女神能保佑自己的儿子长期统治好帕坦。哈里哈尔·马拉王子首先在帕坦古代王宫遗址上修建了一座德古·塔莱珠女神庙，供奉父亲赠送的女神。这大概就是帕坦王国初期修建的第一座神庙。

国王本来打算只修建一座 4 层高的建筑，但是一场大火将其付之一炬。现在该神庙是帕坦王宫建筑群中最高大最显眼的神庙，连接着三座王宫庭院，而且一直保留了一间专门供国王静修的房间，国王可以隐退在此思考、祈福、诵经。在德古·塔莱珠女神庙重建之前，帕坦的国王们已经在杜巴广场上修建了供奉毗湿奴化身的卡尔纳拉扬神庙。

现有的调查研究表明，帕坦王宫所有的建筑时间都不长，不会早于 17 世纪。大部分的王宫建筑是希达·纳拉·马拉（Hilda Nara Malla）国王（1620—1660）和师利那瓦萨·马拉（Srinivasa Malla）国王（1660—1684）统治时期建成的。这些建筑或是在旧建筑基础上改建，或是将旧建筑拆除新建而成。希达·纳拉·马拉是一位非常有才华的国王，他是诗人、剧作家，同时还进行其他文艺活动。在他统治帕坦期间，王宫得到进一步的扩建，他在德古·塔莱珠女神庙的南侧修建了一座王宫花园，在杜巴广场北端修建了湿婆神庙，神庙前石雕大象的乘骑者就是国王本人的形象。

三座王宫建筑中最南端的桑德利（Sundari）王宫于 1627 年建成，是希达·纳拉·马拉国王及其家人的私人宅邸。庭院中间的浴池为八角形，表示国王对雨神的供养。尼泊尔语中桑德利有"壮丽的庭院"之意。

希达·纳拉·马拉国王的儿子师利那瓦萨·马拉国王与其父亲一样，是一位诗人，热衷于建筑与艺术。1660 年，师利那瓦萨·马拉国王在德古·塔莱珠女神

图 3-21 帕坦穆尔庭院内圣龛　　　　　图 3-22 八角形塔莱珠神庙

庙的北侧修建了科特庭院，用于供奉女神杜尔迦。在庭院中还修建了保护女神依斯坦蒂瓦的琉璃圣龛（图 3-21）。在建筑两侧一个由两层建筑围绕的庭院中，居住着宫廷祭祀。庭院每年都会有各种各样的舞蹈表演和庆典，帕坦的居民也会受邀进入观看。

1661 年，师利那瓦萨·马拉在穆尔庭院的南侧修建了一座神庙，用于供奉神庙的住房女神阿加蒂瓦。现在，通往神龛的门依然有与人等高的镀铜恒河女神（Goddess Ganga）和朱木拿河女神（Goddess Jumna）守卫。1671 年，穆尔庭院北侧的塔莱珠女神庙完工，这座神庙外观和宫殿相仿，是一座三层高建筑，屋角被抹去，做成了八角塔，形式非常美观独特（图 3-22）。宫殿最北侧的克沙纳拉扬王宫（Keshar Narayan Palace）修建于师利那瓦萨·马拉国王执政的 1675 年，于师利毗湿奴·马拉（Sirivishnu Malla）国王执政的 1734 年完工。这座宫殿是国王的宅邸，修建速度非常快，据说真正用于修建神庙的时间大约只有 3 个月。

因为扩建宫殿需要，必须迁移临近的佛教寺庙，这引起了宗教上的不满。惧怕神灵的统治者不愿意触犯神，就在宫殿附近修建了一座佛寺，即现在的大觉寺（图 3-23）。从此，在特定的节日期间，佛陀的雕像会被放在

图 3-23 帕坦大觉寺

一个铜质的匣盒中，置于宫殿的金色窗户下，接受信徒的供奉。1737年，师利毗湿奴·马拉国王在穆尔庭院的西面修建了一座塔莱珠大钟。至此，帕坦王宫广场格局基本成型，一直保持到今天（图3-24）。

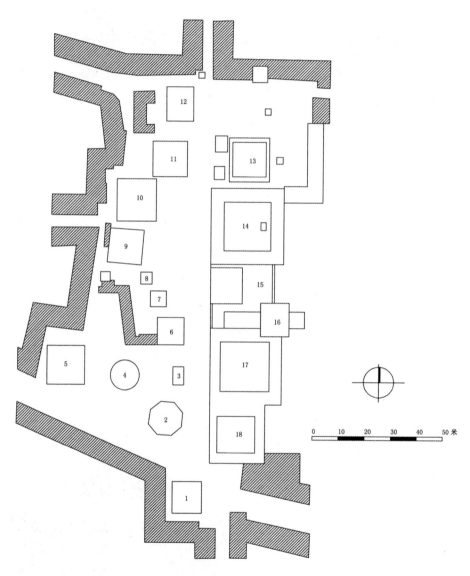

1. 湿婆神庙 2. 克里希纳神庙 3. 塔莱珠大钟 4. 喷泉 5. 白德瓦尔神庙 6. 纳拉扬神庙 7. 纳辛哈神庙 8. 纳拉扬神庙 9. 昌古纳拉扬神庙 10. 克里希纳神庙 11. Visvesvara 神庙 12. 比姆森神庙 13. 水池 14. 科特庭院 15. 纳萨尔庭院 16. 塔莱珠神庙 17. 穆尔庭院 18. 桑德利庭院
图 3-24　帕坦杜巴广场平面简图

从城市规划设计角度看，帕坦的王宫建筑群位置和谷地其他两处略有不同。帕坦王宫修建在两条主要贸易路线的交汇处，王宫周围的整个区域，被称为曼果巴扎（市场之意），由一条南北向的街道分为宫殿区和广场区，街道东侧是王宫建筑群，街道西侧是杜巴广场。

帕坦王宫是谷地三座王宫保存最完好的，与原有的建筑布局和形式最为接近。帕坦王宫主要由两个部分组成：带神庙的庭院和建在王宫建筑前面的神庙建筑群。围绕在王宫和神庙周围的是与王宫毗邻而建的住宅建筑。王宫主体建筑沿南北轴线布置，包括三座带庭院的宫殿和一座塔莱珠女神庙。尽管王宫面向广场的一侧有 100 多米长，但是站在广场上看，建筑并不显得高大突兀。三座带有庭院的宫殿并列而立，有塔式神庙在高度上点缀[1]。三座庭院在空间和功能上没有系统组织的联系，看上去更像是一个个独立的单元[2]。

每一座王宫庭院都有一个通向广场的大门，较小的后门则通向花园。立面上其他的入口都非常狭小，尺寸不超过 1.2 米 × 2.1 米，门的装饰作用远大于实用功能，因为门后的房间只能从庭院里进入（图 3-25）。每座宫殿的建筑规模都不大，功能和平面布局也极为相似。以前宫殿建筑通常是两层，可能为满足增加居住空间的需求，又加建了一层，成为现在的三层建筑。

杜巴广场上神庙的尺度不同，形制也有区别，与王宫的位置关系乍一看甚是随意，显得杂乱无章，但是，仔细观察，每一座神庙的主入口和台阶都正对着王宫，这显然是经过精心规划的。广场上的神庙经过数百年几代人陆陆续续建造而成，所以建筑风格略有差别。广场上的神庙主要有两类：尼瓦尔（Newari）塔式神庙和印度锡克哈拉（Shikhara）式神庙。广场中

图 3-25　帕坦杜巴广场宫殿区立面门

1　吴附儒. 尼泊尔三大杜巴广场与街道的功能置换 [J]. 安徽农业科技，2008（18）.
2　曾晓泉. 尼泊尔宗教建筑聚落空间构成特色探究 [J]. 沈阳建筑大学学报（社会科学版），2014（1）.

十座神庙中有七座是尼瓦尔塔式，另外三座是印度锡克哈拉式。

南北轴线两侧的神庙建筑群和宫殿建筑群既有建筑形制上的对比，又有建筑色彩上的统一，宫殿建筑群水平向的线条和神庙垂直向的线条形成对比。南北轴线街道与神庙和宫殿的比例协调，空间尺度宜人，广场水平构图与垂直构图相统一。

（2）主要庭院

① 桑德利庭院

桑德利庭院是帕坦王宫保持较为完好的庭院，也是帕坦王宫庭院最小的一座，位于王宫建筑群的南面。进入帕坦王宫首先要穿过位于建筑群中轴线上的大门，大门由两位石雕大神守护，左侧是象头神甘尼沙（Ganesha）（图3-26），右边是纳辛哈（图3-27）。随即进入桑德利庭院，以前

图 3-26 象头神甘尼沙像　　图 3-27 纳辛哈像

这里是国王和王后的生活区。庭院的标高低于街道，地面铺满石板，走道高于地面，约1米宽。庭院的中心是国王沐浴的椭圆形露天石雕水池，占地约4平方米，深约2米。北侧的水口由琉璃瓦做成，水龙头是铜质的。水池南端有一个9层台阶通向水池底部，南墙下有一个方形石榻，国王和王后沐浴净身之后便在石榻上静修打坐。水池两侧各竖立着11对花瓣形的石板，石板上雕刻着不同的神像。池壁雕凿出许多壁龛，共放置86尊石雕神像。石雕为中世纪印度造像所崇拜的艺术风格，追求繁复、夸张、变化，其中神像多头多手臂。这座浴池堪称加德满都谷地中最漂亮、雕刻最精美的王宫浴池[1]。

庭院四周的房屋都设有通向庭院的门，从楼上窗户也可以俯瞰庭院。建筑底层作为牲口棚、军火库、神龛以及宫殿护卫的门房。建筑的四个角各有一部楼梯，

1　韩博.尼泊尔帕坦的金庙与王宫[N].21世纪经济报道，2008（6）.

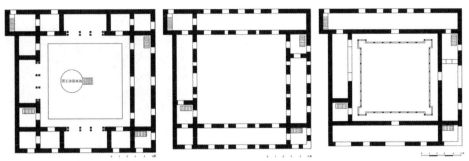

图 3-28　桑德利庭院一层平面　图 3-29　桑德利庭院二层平面　图 3-30　桑德利庭院三层平面

每一部楼梯都通向一间狭长的房间。各个房间之间的交通没有经过严格的设计，门与走廊也没有相互连通，其中四个房间是独立存在的，构成四个独立区域（图 3-28~ 图 3-30）。

　　桑德利庭院建筑原先只有两层，后来加建了一层形成现在的形态。三层有环形栏杆阳台，阳台就像狭长的走廊，连接不同的房间，其功能和二层的走廊相同。二层的四个房间是起居室与卧室，三层则是厨房和餐厅，屋顶下面的空间非常狭小，很难利用。宫殿的窗户非常狭小，房间的层高也不到 3 米，和普通的民宅差别不大，只是比普通民居室内陈设雕刻得更加精美。

　　桑德利庭院西立面中轴对称，仅南侧窗户略有变化，具有良好的沿街立面形象。三层窗户以排窗形象展现，雕刻精美（图 3-31）。庭院内部窗户也对称布置，三层出挑阳台采用木格网窗，保证室内空间的透光率（图 3-32）。

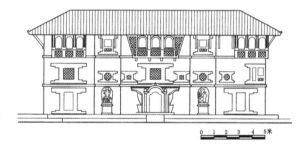

图 3-31　桑德利庭院西立面

　　② 穆尔庭院

　　谷地三座王宫都有穆尔庭院，穆尔在尼泊尔语中即

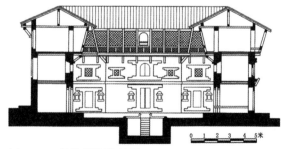

图 3-32　桑德利庭院剖面

"主要"之意，这里通常是国王举行宗教仪式的地方[1]。穆尔庭院是众多庭院中最宏伟最古老的，最初的庭院毁于1662年的大火，但是三年后国王在原址上重建了这座庭院。庭院是一个两层建筑围合而成的四合院，在院内与院外有谷地最好的雕刻。从派拉瓦（Bhairava）门进入庭院后，首先看到的是庭院中心矗立的一座小巧的金色神庙（图3-33）。金色神庙四面辟门，神庙旁有一根木杆，用于拴祭祀用的牲畜。在古代，每逢尼泊尔的德赛节，人们都会将活女神库玛丽从家里请到这里，让她坐于小庙中供人们膜拜。庭院南边的塔莱珠女神庙有两尊雕刻精美的女神像立在两侧，一边是恒河女神脚踏神龟，另一边是朱木拿河女神骑乘鳄鱼。

图 3-33　穆尔庭院内金色神庙

穆尔庭院是帕坦杜巴广场最低矮的庭院，只有两层高，但是有五部楼梯通向二层。庭院整体中轴对称，一层东、西、北三面中间房间朝向庭院敞开，每面通过12根双排木柱支撑二层墙体（图3-34）。庭院朝广场一侧

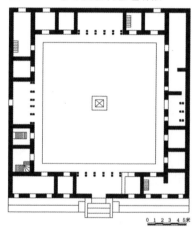

图 3-34　穆尔庭院一层平面

图 3-35　穆尔庭院立面

1　郭黛姮.韩国与尼泊尔王宫简述及中韩尼三国宫殿简要比较[J].中国紫禁城学会论文集(第一辑),1996（10）

立面雕刻有精美的窗户，一层四扇大窗、四扇小窗间隔排列，中轴对称。二层窗户较小，隐藏在出挑的檐部下方，主要起到装饰作用（图3-35）。

（3）科特庭院

科特庭院位于王宫的北端，这里曾经是马拉国王的寝宫，现在已经改造成为尼泊尔著名的宗教艺术博物馆——帕坦博物馆。这座奥地利政府出资建立的博物馆堪称尼泊尔的艺术宝库，是对加德满都山谷艺术、象征艺术和建筑的珍贵展示。庭院中某些部分是新加建的，某些则经过改建以适应展览的要求，但是在最大程度上保留了庭院原貌。科特庭院面向广场的立面上有一个著名的三连窗，其

两侧的窗框和窗户上都有精美的雕刻，中间的窗户是鎏金铜雕神像，这就是著名的金窗（图3-36）。以前，这扇窗户是关闭的，只有当国王来参观广场时才会打开。现在，每当有外国政客访问时窗户都会打开，这已经成为一个礼节性的参观过程。

图3-36 科特庭院金窗

科特庭院是帕坦杜巴广场雕刻最精美的庭院。庭院有两部楼梯通往二层，位于东北角和西南角。建筑一层南、西、北三面中间房间朝向庭院敞开，各由四根木柱支撑二层墙体。庭院主入口朝向广场(图3-37)。庭院四层建造形式和其他部位不同，是后期加建的。庭院一层仅有两扇窗户对称布置在两端，增强了庭院的神秘性。二层和三层对称而紧密地布置了大大小小的窗户，居中的窗户

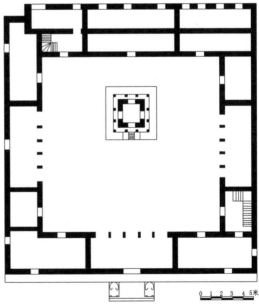

图3-37 科特庭院一层平面

雕刻最精美（图 3-38 ）。

3. 巴德岗宫殿

巴德岗是加德满都谷地
三座城邦中保存最完好的一
座城市，也是谷地最后一座
形成的城市。巴德岗修建王
宫的历史要比帕坦长。早在

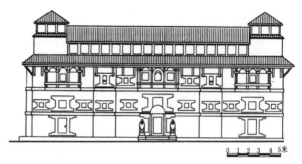

图 3-38　科特庭院立面

13 世纪，马拉王朝就定都巴德岗，国王动用全城的百姓修筑城墙，在城墙之外开
挖护城壕，在城墙上修建岗楼。15 世纪马拉王朝分裂之后，巴德岗正式成为一个
独立的王国，直到 1769 年被普利特维·纳拉扬·沙阿国王攻占。在 500 多年的首
都历史中，巴德岗修建了许多极具特色的宫殿、庭院、神庙和水池，因此这里被
誉为"尼泊尔中世纪艺术的精华和宝库"，最能够代表巴德岗风貌的杜巴广场被
西方学者称为"露天博物馆"。1929 年，英国人鲍威尔在他的书中写道："不管
你在世界上哪里，只要巴德岗的杜巴广场依然保存着，那你就值得跨越半个地球
进行一次旅行。"

（1）概况

巴德岗王宫建造始于尼泊尔历史上最负盛名的国王亚克希亚·马拉统治时
期。据说巴德岗最著名的"55 扇窗宫"、杜巴广场上拉梅什瓦尔神庙（Rameshwar
Temple）和达塔特雷亚神庙（Dattatreya Temple）都是这位国王建造的。在此之前，
他的父亲已经在陶玛蒂广场(Taumadhi Tole)上建造了拜拉弗纳特神庙(Bhairabnath
Temple)。与谷地另外两座城市王宫的修建历史相似，虽然巴德岗发展较早，但
是大规模的建设是在马拉王朝分裂之后，作为一个独立的小王国开始的。在 17
世纪末布帕亭德拉·马拉（Bhupatindra Malla）国王统治时期，巴德岗的宫殿逐渐
形成较大的规模。

1553 年，维斯瓦·马拉（Viswa Malla）国王在"55 扇窗宫"北侧修建了体量
庞大的塔莱珠女神庙以及许多庭院，其中包括穆尔庭院。几年之后，该国王又将
广场上的达塔特雷亚神庙改为三层，并在神庙前竖立起力量是常人 10 倍的贾亚
玛尔（Jayamel）和帕塔（Phattu）雕像。1662 年，贾加特·普拉卡什·马拉（Gagat
Prakash Malla）国王修建了专门供王后休闲娱乐的春城宫，在宫殿的最西端，现

在这里是一所高级中学。

1677 年，穆尔庭院东侧的伊塔王宫得到修复，并修建了一座水池（图3-39），国王都亲自到这里打水。水池边刻着一段铭文：不允许在此洗衣服、撒尿或者扔泥巴，禁止一切可以导致周围环境不洁净之物。铭文中还写道：如果需要修缮，应该由国王亲

图 3-39　伊塔王宫水池

自负责实施。水池内的铜雕非常精彩，出水口的铜雕由羊、大象组合而成，羊羔被含在象嘴中，在试图逃脱大象（图 3-40）。出水口正上方是一条盘坐的眼镜蛇（图 3-41），在印度教中眼镜蛇是保护神，常见于国王柱上。眼镜蛇正对水池中央，象征着君王的权力。

在 300 多年的巴德岗王国历史中，布帕亭德拉·马拉国王最热衷于修建神庙和宫殿，现存的宫殿建筑大多数都是由他主持建造的。1697 年，布帕亭德拉·马拉国王为了让每一位王室成员都能够有一扇向外眺望的窗户，重新修建了已经非常豪华的"55 扇窗宫"，他还在 55 扇窗户上装上了从印度带回来的玻璃，连到巴德岗的外国人都不禁赞叹。这座宫殿在 1934 年的大地震中受到严重破坏，后来修复时，工匠对三楼突出的阳台进行了修缮，现在的阳台已经不像以前那样出挑深远狭长。布帕亭德拉·马拉国王还完成了他父辈没有完成的宫殿加建和改建，

图 3-40　出水口铜雕

图 3-41　眼镜蛇铜雕

不但对穆尔庭院进行了翻新，并且将塔莱珠神庙的屋顶变成鎏金铜皮顶，并在上面加上金色的宝顶。

1707 年，布帕亭德拉·马拉国王修建了玛拉提宫（Malati Chowk），在入口处放置了神猴哈努曼和纳辛哈的石雕像。现在这里是尼泊尔的国家艺术馆。同年，在宫殿西端通往春城宫大门的两头狮子旁边，放置了乌拉昌达（Ullachanda）和巴拉瓦伽（Bharadvaja）的雕像，这两尊雕像分别是湿婆的化身及其配偶，现在两尊雕像依然存在于庭院的入口。布帕亭德拉·马拉国王在位的时候是巴德岗鼎盛时期，据说当时的王宫庭院达到 99 个，远超过谷地另外两个国家。可惜，由于岁月的侵蚀和1934年的大地震，现在巴德岗只保留了六座庭院。1722 年，拉纳吉特·马拉（Ranajit Malla）国王即位，马拉王朝开始走下坡路。拉纳吉特·马拉国王也非常喜欢建筑，他在王宫里添置了许多门户和庭院，金门就是由他主持建造的。

在"55 扇窗宫"的旁边，悬挂着一口大钟，名为塔莱珠大钟（图 3-42）。这口钟由拉纳吉特·马拉国王于 1737 年立于此地，用于提醒人们每天早晚两次前往塔莱珠神庙做祈祷。在塔莱珠神庙基座前面还有一口小钟，名为"犬吠钟"（图 3-43），传说这口钟于 1721 年由布帕亭德拉·马拉国王设立于此，以回应他睡梦中见到的场景。

非常不幸的是，1934 年的大地震将巴德岗许多宫殿夷为平地，宫殿周围的建筑也损失惨重，许多受损的神庙和宫殿再也没有被重建了。

图 3-42　塔莱珠大钟

图 3-43　犬吠钟

巴德岗全城有三个城市广场，最大的当属王宫所在地的杜巴广场。因为建造年代较晚，巴德岗的杜巴广场规模很大，比谷地另外两座王宫广场都要开阔。广场上曾经有12—99座宫殿，现在只有5座宫殿保存下来了，其中3座宫殿依然保留原来的方形庭院，它们是：莫汉庭院、穆尔庭院、罗罕庭院（Lohan Chowk），另外两座位于西侧的宫殿是重建的，但是石雕把守的宫殿入口还是原物。

与帕坦的杜巴广场不同，在1934年大地震之前，巴德岗杜巴广场曾经有三组寺庙建筑群，一组位于宫殿前面，一组位于东面，一组位于西面。三层高的湿婆神庙建在五层高的台基上，统领东边的神庙，兽主庙统领中间的神庙，克里希纳庙统领西边的神庙。王宫位于城市的北侧，刚好避开了城市贸易通道。城市中几条主要街巷通向宫殿建筑群，还连接着陶玛蒂广场（Taumadhi Tole）。在广场上有着巴德岗的标志性建筑，五层高的尼亚塔波拉神庙（Nyatapola Temple）和拜拉弗纳特神庙（图3-44）。距离陶玛蒂广场不远处的达塔特雷亚广场是以达塔特雷亚神庙命名的。据说此神庙和独木寺一样也只用一棵树上的木材建造而成，只是加建的前后廊略显不协调。这座神庙供奉的是梵天、毗湿奴和湿婆三神合一的达塔特雷亚神。从神庙前以神龟为基石的柱子上的迦楼罗像（Garuda）、法螺和法轮等物件来看，毗湿奴在这里的地位最高。这是尼泊尔唯一供奉该神的神庙。

与谷地中另外两座杜巴广场不同，巴德岗杜巴广场上塔式神庙很少，众多其他类型的神庙散落在广场中，整个广场非常开阔。广场北侧是王宫庭院，著名的金门就是王宫的入口。金门亦称"太阳门"（Sun Dhoka），拥有精致华丽的入口装饰，上方有印度神灵浮雕，整扇门嵌入鲜红色城楼墙面（图3-45）。金门上的浮雕纹饰栩栩如生，嵌金的三角墙上有一尊异常精美的迦楼罗像，他正与几条异乎寻常的大蛇搏斗。金门东侧便是著名的"55扇窗宫"，顾名思义，这座宫殿有55扇复杂精致的木窗。现在宫殿与西边的白色建筑已经用做尼泊尔国家美术馆，主要陈列展示尼泊尔不同时期、不同宗教、不同风格的精美雕刻和绘画作品。那扇被认为是加德满都谷地雕刻最美的孔雀窗位于广场东南角的一座不起眼的修道院外墙上（图3-46）。

（2）主要庭院

"55扇窗宫"是加德满都谷地宫殿建筑的杰出代表，初建于1427年，由亚克希亚·马拉国王修建，1699年又经过布帕亭德拉·马拉国王重建。该宫殿现为四层，是王宫的中心建筑，国王生活和办公都在这里（图3-47）。尼泊尔历史文

图 3-44　拜拉弗纳特神庙

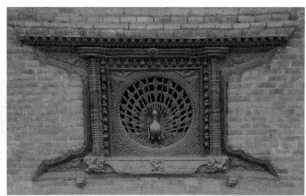

图 3-46　巴德岗孔雀窗

图 3-45　巴德岗金门

图 3-47　55 扇窗宫立面

献上有这样的记载："国王兴建这座宫殿的目的是要使它比加德满都和帕坦的王宫更加华丽，当时到尼泊尔访问的外国旅行者都被这座优美的宫殿打动而赞叹不已。"

　　宫殿整体建造在 50 厘米高的平台上，一层和二层整齐划一地排列了大大小小的窗户，每扇窗户都精雕细刻，有的窗户还镶嵌着不同色彩的宝石。虽然历经风吹雨打，55 扇窗户依然完整地保存了下来。这座宫殿的墙壁上还有国王亲自创作的绘画，显示了这位国王的才艺。

第三节 布局特征

加德满都谷地的三座城市相距不远，并都于马拉王朝时期开始大规模建设，同时三座兄弟城市各自占据着国内的交通要道。这三座城市不仅仅在功能上而且在城市布局和建筑形式上都非常相似，宫殿建筑的数量，神庙建筑的形制、数量、规模如同复制。初次参观三座城市的人很难对其进行区分。这三座城市的格局都以公共广场为中心，周边分布王宫、神庙，公共广场也是整座城市道路的交汇点[1]。下文以三座王宫殿建筑群的平面布局分析尼泊尔宫殿建筑的主要特征。

1. 以神庙为中心

尼泊尔的王宫并不是独立单纯的宫殿建筑，而是与城市公共广场上各类宗教建筑、宗教雕像、附近居民及其他附属构筑物组合而成的宫殿建筑群，宫殿、广场及其上的建筑物构成一个整体，这就是尼泊尔的王宫被称为杜巴广场（Durbar Square 意为皇宫广场）的原因。

虽然谷地三座城市的宫殿建筑群都被称为王宫杜巴广场，但是神庙永远是广场上等级最高、最引人注目的建筑。三座杜巴广场都是以神庙建筑为背景，甚至以神庙为主导，由神庙统领整个广场[2]。三座杜巴广场上有因陀罗神庙、甘尼沙神庙、克里希纳神庙、湿婆神庙、毗湿奴神庙、昌古纳拉扬神庙（Changu Narayan Temple）、帕斯帕提纳神庙、萨拉瓦蒂神庙、塔莱珠女神庙、库玛丽神庙等众多神庙。其中的神庙要么是谷地中占地面积最大的神庙，如加德满都的塔莱珠神庙，要么是谷地中建筑风格和建筑形式最为独特的神庙，如帕坦的克里希纳神庙，要么是屋檐层数最多、台基最高、建筑高度最大的神庙，比如巴德岗的五重台基五重檐尼亚塔波拉神庙。这一建筑形制和西方宗教建筑形制非常相似，因为国王是世代传承的，而神却是永世长存的。只要人们的信仰在，神庙就永远在数量和质量上超过宫殿。国王通常也乐见于此，因为表示对神灵的虔诚和尊重可以增强其君权神受的合法性，获得民众的支持。

宫殿建筑周围通常有许多神庙环绕，众多神灵保护王室安全，但是王室还需

---

1 卢珊. 尼泊尔建筑——虔诚佛国的居住艺术 [J]. 艺术教育，2010（6）.
2 曾晓泉. 尼泊尔宗教建筑聚落空间构成特色探究 [J]. 沈阳建筑大学学报，2014（1）.

要家神的庇佑以求王室安定繁荣。因此，历代国王最热衷修建和改建的神庙是塔莱珠神庙，因为塔莱珠女神是王室的家神。谷地中三座王宫建筑群中，塔莱珠神庙都建于某个王宫庭院的一角或旁边，成为整座王宫建筑群的制高统治点和标志。加德满都塔莱珠神庙位于翠里连庭院（Kalindi Chowk）东侧，帕坦塔莱珠神庙位于纳萨尔庭院西端。有时塔莱珠神庙位于多个相连庭院的交接处，连接各个王宫庭院，以期待、保护所有的王宫建筑。帕坦塔莱珠神庙连接纳萨尔庭院、科特庭院及穆尔庭院（图3-48），同时高度最大，统领周边庭院（图3-49）。可能出于各个国王之间的攀比心和争宠心，建于不同时期的塔莱珠女神庙形制多有不同。巴德岗的塔莱珠神庙修建于1553年，位于"55扇窗宫"北侧，与两层建筑围绕成一个庭院。帕坦的塔莱珠神庙修建于1671年，以一座三层高的宫殿建筑为基础，其上建造了三重檐尼瓦尔塔式神庙，屋顶铺设铜质金属板，远看金光闪闪。加德满都的塔莱珠神庙也是三重屋檐，修建在一个12级台阶的平台上，神庙基础修建于1548年之前，早于神庙主体部分。

2. 以庭院为中心

尼泊尔的宫殿建筑和加德满都谷地民居建筑群一样，平面都采用围合布局方式，和谷地内佛教寺院平面布局非常相似。据说此平面形式源自佛教的精舍，只是宫殿建筑的规模和细部雕刻比民居建筑精致。典型的佛教精舍叫做巴哈尔（Bahal），以正方形庭院为中心，四周是供僧人起居生活的房间。加德满都谷地

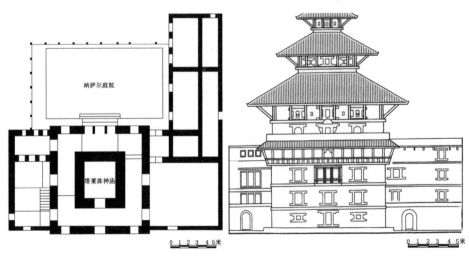

图3-48 帕坦塔莱珠神庙一层平面　　图3-49 帕坦塔莱珠神庙立面

的尼瓦尔民居建筑几乎都采用这
种平面布局形式，房间围绕庭院
而建，各房间的门都朝向庭院而
开，整体呈内向型。每个生活区
域都有一部楼梯通向各自上层空
间，各空间都有独立的神龛。如
果不考虑宫殿的装饰，那么宫殿
的布局和寺院以及民居非常相似，
只是宫殿的层数往往高于寺院和
民居。宫殿与民居的主要区别在
于建筑主入口的大小、建筑立面
的装饰以及窗户的雕刻程度。

图 3-50　帕坦科特庭院旁的水池

图 3-51　巴德岗广场上的水池

　　三座王宫建筑群几乎不用
"宫"来命名，而是用"庭院"
来命名。比如每座王宫广场都有
"穆尔庭院"，加德满都王宫和
帕坦王宫都有"桑德利庭院""纳
萨尔庭院"和"莫汉庭院"。通常，穆尔庭院是修建最早的庭院，"穆尔"在尼
泊尔语中有"主要"之意[1]。穆尔庭院是王宫主体建筑，是举行重大的宗教活动和
王室活动的地方，塔莱珠女神庙通常建在穆尔庭院的某个角部。

　　王宫庭院与寺庙和普通民居的主要区别是寝宫庭院内多开辟一个方形的水
池，供国王和王后沐浴之用。如加德满都莫汉庭院中间的水池、帕坦科特庭院旁
的水池（图 3-50）、巴德岗广场上的水池（图 3-51）。尼泊尔民居建筑中通常
不设水池，水池作为公共设施，集中设置在广场上，供居民汲水洗涤用。

　　在印度教信仰中水是非常神圣的，王宫庭院中设置水池是突出皇家高贵地位
的表现，是皇家特权的象征，也是皇宫建筑的重要装饰和亮点。

3. 以金门为入口

　　谷地王宫的主要建筑入口一般称为"金门"，因为入口大门的门框、门头及

1　藤冈通夫，波多野纯，等 . 尼泊尔古王宫建筑[J]. 世界建筑，1984（10）.

图 3-52　加德满都金门　　　图 3-53　帕坦金门　　　图 3-54　巴德岗金门

门顶部的装饰均为铜质镀金的，雕刻非常精致，富丽堂皇。谷地三座王宫都有金门，但是每个金门通往的庭院是不同的。加德满都的金门是哈努曼多卡宫殿的大门（图3-52），通向纳萨尔庭院；帕坦的金门是桑德利庭院的大门（图3-53）；巴德岗的金门是"55扇窗宫"西侧大门（图3-54），此门是加德满都谷地最精美的金门，是尼泊尔雕刻艺术最精彩的一笔。

　　哈努曼多卡宫殿的金门左右有一对石狮，狮上分别骑着湿婆和他的配偶迦梨（Kali）女神。金门上有三组铜雕刻像，右边的雕刻是国王抚琴图，据说雕刻的是神猴门的修建者普拉塔普·马拉国王；中间的雕刻是千手千面的克里希纳神像，源自印度古代史诗《摩诃婆罗多》（Mahabharata）；左边的雕刻是幻化作牧人的黑天神与两位挤奶的姑娘翩翩起舞的场景。

　　巴德岗的金门高7米左右，全部是铜质鎏金，远看闪闪发光，是尼泊尔金属雕刻技术最高水平的代表。金门上的浮雕纹饰细节可谓栩栩如生，镀金的三角墙上有一尊异常精美的迦楼罗像，他正在与大蛇搏斗。下方是四头十臂的塔莱珠女神像，她是马拉王朝的王室女神，在加德满都、帕坦和巴德岗的王宫中都有供养她的庙宇。

4. 以国王柱为中心

　　国王柱是王宫建筑群重要的组成部分，在加德满都谷地三座杜巴广场上最引人注目的大概就是盘踞于高高的石柱上国王们的铜雕像了。马拉王朝的后期开始

图 3-55 加德满都国王柱　　图 3-56 帕坦国王柱　　图 3-57 巴德岗国王柱

出现国王雕像柱，国王在世时就会为自己竖立一尊纪念雕像，并使之与自己所在的宫殿相呼应，这是马拉王朝宫殿的一个显著特征。加德满都谷地的三座杜巴广场上都有马拉国王柱，通常石柱上双膝跪立着一尊身穿金色服饰的国王像，其身后雕刻着高高立起的眼镜蛇以保护国王，眼镜蛇在印度教中是神圣的动物。当然，也有国王和王后二人的纪念柱（图 3-55）。国王是宫殿和神庙的修建者，因此国王柱往往正对着塔式神庙中供奉的神像以彰显其权威。国王柱雕像的表情都非常虔诚和卑微，祈求着神灵的保护。

在帕坦的杜巴广场上有两根石柱，一根上放置尤加纳兰德拉·马拉国王雕像（图 3-56），另一根上的雕像是他早夭的儿子。国王雕像后的蛇头上有一只小鸟，关于这只鸟的典故前文已经有过介绍。

巴德岗的布帕亭德拉·马拉国王柱也是非常有特点的。这根石柱修建于 1699年，位于金门的正前方（图 3-57）。雕像的基座分为三层：下面一层是一只乌龟，乌龟上面站着一只鸟，中间是乌龟背上的莲花，上面是一块高度约为 1 米、直径约为 2 米的石钵，上面雕刻有四层花瓣纹饰。国王像立于石钵上，国王双手放于胸前，呈祈祷姿势。国王雕像的上方不是眼镜蛇，而是一个伞盖。巴德岗广场上还有一些石柱，上面有湿婆的坐骑——大鹏金翅鸟。

小结

宫殿建筑是一个国家最高权力的象征，是一个国家建造技术最高水平的代表。

尼泊尔境内的宫殿建筑数量繁多，加德满都谷地有三座被列入《世界文化遗产名录》的宫殿建筑群，廓尔喀、丹森等地也有数座精美绝伦的宫殿建筑群。在众多璀璨的宫殿建筑群中，加德满都宫殿、帕坦宫殿和巴德岗宫殿最引人注目，每一位到尼泊尔旅游的人都会为这三座宫殿建筑群惊叹，它们体现了尼泊尔人的聪明才智和精湛技艺。

从宫殿建筑平面布局中可以总结出尼泊尔宫殿建筑的布局特征，主要包括：以神庙为中心；以庭院为中心；以金门为入口；以国王柱为中心。以神庙为中心的宫殿体现了尼泊尔独特的皇家文化。在尼泊尔，君权神授是通过国王对神灵的虔诚、崇拜和敬畏实现的，因此，国王在修建宫殿时会在庭院中修建一座神庙。以庭院为中心的宫殿在尼泊尔非常多，尼泊尔的气候条件要求人们在建造房屋时创造开放通透的空间，以应对漫长炎热的夏季气候。以金门为入口的宫殿很少，谷地内三座杜巴广场各一座。金门用于等级较高的宫殿入口处，突出王室的地位。以国王柱为中心的宫殿并不是先建造国王柱后建造宫殿，而是国王为了彪炳自己的功绩在宫殿中竖立一尊纪念雕像，使雕像与自己所在的宫殿相呼应。

第四章　宗教建筑

　　据说在加德满都谷地有超过 2 000 座印度教神庙，这其实一点都不夸张。谷地内可谓"五步一庙，十步一庵"，因此有人将加德满都谷地称为"寺庙之城"和"露天博物馆"。最具尼泊尔特色的建筑集中反映在宗教建筑和宫殿建筑上，尼泊尔的宗教建筑和宫殿建筑密不可分。重叠的多层坡屋顶、雕刻精美的檐口斜撑等构筑了尼泊尔与众不同的建筑风格。

　　没有人知道尼泊尔最早的印度教神庙修建于何时，传说加德满都谷地最著名的印度教神庙帕斯帕提纳神庙修建于 325 年，但是现有资料表明该神庙修建于 5 世纪，12 世纪经过修复，14 世纪受到入侵者破坏后大规模修建，1692 年白蚁毁坏了神庙部分建筑，后又重建，一直维持到现在。

　　传说加德满都谷地最古老的神庙是昌古纳拉扬神庙，与帕斯帕提纳神庙的历史差不多久远，4 世纪由李察维王朝时期瓦尔玛国王修建，424 年完工。此神庙被认为是尼泊尔塔式建筑风格的典范。

第一节　印度教神庙建筑实例

1. 帕斯帕提纳神庙

　　帕斯帕提纳神庙（Pashupatinath Temple）又称"兽主庙"，是尼泊尔最大最古老的印度教湿婆神庙，同时也是南亚地区著名的印度教圣地，每天有众多印度教信徒前来朝拜。湿婆是印度教中主管创造、保护和毁灭的三大神之一的毁灭神，他是尼泊尔王国的守卫者。沙阿王朝统治时期，国王发布公告时，通常会在结尾处加上"让帕斯帕提纳赐予笔者幸福吧"。湿婆与他的妻子雪山之神帕尔瓦蒂一同住在喜马拉雅山的凯拉什神山（Kailasa Mountain）山顶上。湿婆典型的形象是腰围兽皮，半裸上身，手持三叉戟，湿婆的坐骑是神牛南迪。湿婆有许多化身，其中最著名的是舞蹈之王。湿婆的抽象形象是坐落在磨盘（尤尼）上的圆柱体（林伽）（图 4-1）。在尼泊尔的其他地方，湿婆常

图 4-1　湿婆林伽形象

常以其愤怒的拜拉弗（Bhairab）形象
受人膜拜，然而在帕斯帕提纳神庙，
湿婆却是以动物之神帕斯帕提纳作为
化身出现。神庙位于加德满都以东 5
公里处巴格马蒂河沿岸，距离特里布
汶（Tribhuvan）机场跑道近端仅仅几
百米，在飞机上可以清晰地看见这座
神庙建筑。帕斯帕提纳神庙在尼泊尔
人心中的地位非常崇高，因此神庙内
部不对外开放，只有印度教信徒才被
允许进入神庙院内。

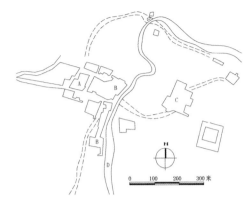

A. 西岸神庙群 B. 火葬场 C. 东岸神庙群 D. 巴
格马蒂河
图 4-2　帕斯帕提纳神庙总平面

　　神庙始建于 5 世纪，14 世纪遭到穆斯林教徒入侵而严重损环。数年之后，阿
琼·马拉（Arjun Mara）国王延请印度婆罗门祭司当神庙修复顾问，依照原样修
建神庙，国王此举意在表示该神庙为印度教真传。现在神庙被巴格马蒂河分为东
西两块，包括东岸神庙群、西岸神庙群和火葬场三部分（图 4-2）。

　　神庙建筑群的主殿是典型的尼泊尔塔式建筑，始建于 1696 年。主殿为两重檐，
顶部为鎏金宝顶，形状如反覆的钟，屋檐的四角有小塔陪衬。重檐殿的顶部和屋
脊全部用鎏金铜质板瓦铺盖。大门纯银三进，半圆形门头雕刻有精美的图案。柱
檐和窗户上也雕刻有色彩鲜艳的神像，神殿外墙镶嵌有白石。神殿基础、围廊和
台阶上铺有方格子形地砖。

　　帕斯帕提纳神庙分为内殿和外殿两部分，主神设置在内殿的神堂中。神庙禁
止非印度教信徒和游客进入，一般的印度教信徒也不能随意进入内殿，只能在外
殿拜神，只有专门的祭司才可以进入内殿。内殿神堂内供奉着 1 米多高的湿婆林
伽。在尼泊尔的印度教神庙中，一般都会供奉湿婆林伽，但是通常都是四个面像，
代表东南西北四个方位。该殿供奉的五个面像林伽顶端面像是湿婆的主像，其他
四个面像分别代表"大梵""无谓""新生""月神"。在五个面像下各伸出两
只手，分别持有念珠和钵。与四面林伽另一个不同点是顶面林伽不允许用手触碰，
也不能靠近。

　　内殿前面有一只巨大的铜雕公牛卧躺在一块长方形石基上，这就是湿婆的坐
骑南迪。铜牛高约 2 米，长约 6 米，铜牛的建造年代无从考究。铜牛后面有一块

石碑，碑铭记录了8世纪李察维国王贾亚·迪瓦二世所写的一首优美诗篇，国王赞美他的母亲向帕斯帕提纳奉献一朵银质莲花。

帕斯帕提纳神庙主殿周围有许多偏殿建筑，还有窣堵坡及供朝圣的信徒和隐士们居住的福舍（图4-3）。在主殿南门旁，有一座三重檐的圆顶神庙，名为拉吉拉杰什瓦利（Raj Rajeshwari），是尼泊

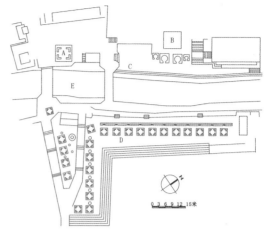

A. 巴赤哈尔什瓦神庙　B. 帕斯帕提纳神庙
C. 火葬场　D. 东岸神龛群　E. 巴格马蒂河
图4-3　帕斯帕提纳神庙主殿建筑群分布图

尔境内仅有的两座圆顶神庙之一，另一座神庙位于加德满都哈努曼多卡庭院内。该神庙修建于1655年，建造神庙的碑文上称其为伞寺，神庙最顶层为铜质屋盖，下面两层为瓦顶，据说这是仿造古代尼泊尔人所用的三层雨伞的形状设计的。玄奘在《大唐西域记》中提到过这种伞状的神庙。

尽管现在的巴格马蒂河到处是垃圾，河水也因为污染呈现黑色，散发出臭味，但是它依然是一条神圣的河流。帕斯帕提纳对于尼泊尔印度教信徒而言犹如恒河岸边的瓦拉纳西（Waranasi）之于印度民众。巴格马蒂河的露天火葬场是非常神圣的，只有王室成员才能在帕斯帕提纳神庙正前方火化。2001年的"王宫惨案"后，十位王室成员就是在这里举行葬礼的。普通的尼泊尔民众的火葬仪式只能在神庙南侧的火葬台上进行。逝者的尸体被包裹好，排列在河岸边，然后在柴堆上火化，整个程序有条不紊。站在巴格马蒂河的对岸可以看到火葬台北边有许多隐士洞，中世纪时期许多隐士在此处修行。

巴格马蒂河对岸的石坡上有数十间湿婆小神庙（图4-4），这些只有一间神殿的小庙被流浪

图4-4　巴格马蒂河对岸湿婆小神庙

的圣人们用来临时居住。每座小神庙内都供奉着一座湿婆林伽,虽然这些小神庙的建筑风格五花八门,但是都有一个共同的特征,每座小神庙都有绘有湿婆面孔的林伽[1]。

2. 加德满都库玛丽神庙

库玛丽神庙又称"童女神庙",位于哈努曼多卡宫殿的西南侧,与宫前议会厅仅相隔一条街。它既不是尼泊尔最古老的神庙,也不是最华丽的神庙,却是尼泊尔最神秘的神庙,因为神庙供奉的库玛丽女神是一位真实的女神,是经过层层严格筛选出来的小女孩。库玛丽在尼泊尔语中是"童贞女"的意思。库玛丽女神一般为12岁以下尚未发育的小女孩,在月经来潮之后将不能继续担任。尼泊尔供奉库玛丽女神的传统据说是从10世纪末开始的,库玛丽被当成杜尔迦女神的化身,也有说是塔莱珠女神的化身。

一开始库玛丽女神一直生活在宫殿中,没有单独的神庙。加德满都的库玛丽女神庙修建于1757年,当时的活女神库玛丽对国王说,马拉王朝就要结束了,应该尽早为库玛丽修建一处永久的住所,让女神有一个固定的家。于是,贾亚·普拉卡什·马拉国王采用当地佛教寺庙的风格建造了库玛丽女神庙。11年后,廓尔喀人攻占了加德满都,贾亚·普拉卡什·马拉国王成为马拉王朝的最后一位国王。

库玛丽庭院是一座由三层建筑围合而成的庭院,建筑的阳台和窗户上有精美华丽的雕刻,这里是尼泊尔最美丽的庭院之一(图4-5)。庭院大门朝王宫广场,门头雕刻有难近母(湿婆的配偶)杀死牛魔王的画面。大门之上是雕刻精美的窗棂和檐柱,上面雕刻着开屏的孔雀和其他神像。神庙的顶层开三扇相连的窗户,居中的一扇窗户是金窗。顶层的室内还有活女神库玛丽的黄金宝座,其精美程度可以和国王的鎏金雄狮宝座相媲美。寺庙的底层有孔雀、大象、鹦鹉和各式表现歌舞、性爱的图案雕刻。

图4-5 库玛丽神庙

---

1 洪峰. 尼泊尔宗教建筑研究[D]. 南京:南京工业大学,2008.

庭院中间矗立着一座小塔，塔上雕刻着知识女神萨拉瓦蒂（Sarawati）的象征符号。神庙右边有一扇金黄色大门，大门的后面隐藏着一辆巨大的战车。每年因陀罗节时，库玛丽女神乘着这辆战车巡游全城。神庙中堆放有巨型木制滑行装置，用于拉动战车。木头上雕刻有精美的图案，被视为神物。目前库玛丽女神庙只部分对外开放，非印度教徒不得进入宫院内的房间。

3. 昌古纳拉扬神庙

美丽而古老的昌古纳拉扬神庙位于巴德岗北部4公里处的一座小山上，神庙供奉的是毗湿奴的化身纳拉扬。昌古纳拉扬神庙是谷地内众多纳拉扬神庙中最重要的一座，每天都有众多信徒前来朝拜。据说此神庙修建于323年李察维王朝时期，可能是尼泊尔现存最古老的。不幸的是神庙后来遭受火灾，现存建筑是1702年重建的。神庙内的雕塑都是举世罕见的精美艺术作品，有许多从李察维王朝

图4-6　昌古纳拉扬神庙神庙斜撑雕刻

流传下来，神庙因而被联合国教科文组织列入《世界文化遗产名录》。神庙采用双层塔式结构，每一边都有一对神兽把守，其中包括雄狮、大象、长着山羊角的人头狮身兽等，檐口斜撑上还雕刻一些复杂精美的密宗神像（图4-6）。壮观夺目的镀金殿门只有在举行宗教仪式时才会打开，而且只有印度教信徒可以进入。

神庙建筑群的大门位于神庙主体建筑东侧，两者之间有一段距离，通往神庙主体建筑的道路两侧有数座神像雕刻。神庙建筑被一圈道路环绕，信徒可以从各个方向进入主体建筑（图4-7）。

神庙主体建筑布局和帕坦科特庭院类似，只是建筑体量较科特庭院更大。位于中心偏西位置的是两重屋檐的纳拉扬神庙，其周围散落着大大小小的雕像，再外侧一圈是两层高的附属建筑（图4-8）。西侧殿门前有一尊迦楼罗蹲坐雕像，据说此雕像建造时间可以追溯到464年，上有加德满都谷地最古老的石刻碑铭，碑铭用梵文记载了国王劝说其母亲不要为先王殉葬的事情。两根巨大的石柱端部

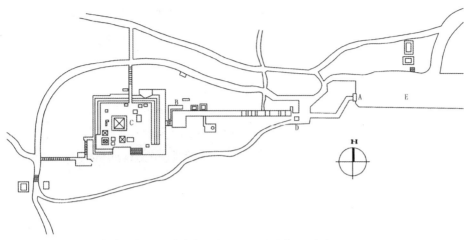

A. 建筑群大门 B. 比姆森雕像 C. 神庙主体建筑 D. 甘尼沙神庙 E. 停车场
图 4-7 昌古纳拉扬神庙总平面

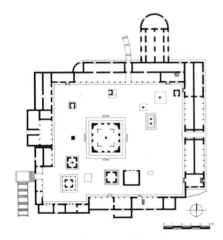

图 4-8 昌古纳拉扬神庙主体建筑一层平面

是法螺和法轮，这是毗湿奴的传统象征符号。许多可以追溯至李察维王朝时期的精美雕刻散布于庭院的各个角落，展现毗湿奴及其不同的化身。在庭院的西南角，有一尊毗湿奴的半人半狮化身纳辛哈雕像，纳辛哈正在用手给一个恶魔开膛破肚，这尊雕像和加德满都纳萨尔庭院内的纳辛哈雕像展现的形象相同。旁边则是毗湿奴的另一个化身六臂矮人（Vikrantha）智斗魔王巴利（Bali）。这尊雕像旁边有一块破碎的石板，上面刻有一尊十头十臂的毗湿奴神像以及横卧在巨蛇腹上的阿难陀（Ananta）像。这个场景分为三个部分：地狱、人间、天堂。院落西北角是一尊雕刻于 7 世纪的毗湿奴骑在迦楼罗上的雕像，这尊精美的雕像被印在尼泊尔 10 卢比面值的钞票上。

4. 布塔尼堪纳特神庙

布塔尼堪纳特神庙（Budhanilkantha）又被称为"大佛寺"，尼泊尔语意为"蓝色颈项的老人"。这里实际上并不是一座严格意义的建筑物，而是一方水池。神庙位于加德满都北部的郊区，在谷地边缘的山脚下。蓝色颈项的老人即是一尊巨大的毗湿奴化身纳拉扬石雕，他躺在水池中一条有 11 个头的大蛇盘绕形成的垫子上（图 4-9）。11 个头的蛇神象征着永恒。纳拉扬的 4 只手分别持有毗湿奴的四种法器：法轮（代表智慧）、

图 4-9　纳拉扬卧像

法螺（代表四种元素）、法杖（代表知识）、莲心（代表宇宙）。水池周围围着栅栏，石板铺地，入口处有石狮把守。这尊雕像可以追溯至 7 世纪，据说是由一位农夫在田间发现的。现在每天都有许多信徒来此地朝圣，尤其是在年节期间，朝拜的人络绎不绝。信徒常常举家前来，他们坐在有铺地的树荫下，或者排队等待到水池中，将用于供奉的花环、米饭、香花放置在毗湿奴身上。供奉完之后僧侣和圣人们会在供奉者的额头处点红。

与这个圣地有关的神话故事非常多，其中一个故事解释了雕像的形成。传说很久以前，恶魔和毗湿奴起了争执，无法调和。最后为了解决争端，恶魔和毗湿奴想了一个办法，将巨大的眼镜蛇平直地放置在四周被海洋围绕的山顶上，双方抓住蛇的一端，以拔河的方式一决胜负。在双方角力的时候，山体移位了，住在海底的海神女儿从大海中升起，双方便让她来作裁判。结果海神的女儿判神胜出，毗湿奴便娶了她，使她成为财富之神。恶魔暴跳如雷，推开了眼镜蛇的头，眼镜蛇喷出的毒液杀死恶魔，此时海底冒出气体，气体和毒液混合在一起在世界蔓延开来，给人类带来疾病之后，毒气深入天空，毗湿奴也非常紧张。为了拯救世界，毗湿奴喝下毒液，随后他浑身不安，脖子变成蓝色，身体的血液开始沸腾，眼睛变成红色。为了使燃烧的身体降温，毗湿奴躺在水中，此时眼镜蛇在毗湿奴的身体下盘成一个床垫。毗湿奴这么做因为他是印度教三大神中的保护神。现在这里每天每个小时都有专人给毗湿奴更换身上的湿布，为其身体降温。

由于距离皇宫太远，国王没有办法经常来此参拜，于是国王命人修建了两个一样的雕刻，但是稍微小一点，其中一个放置在加德满都郊区的巴拉珠花园（Balaju Garden）中，另一个放置在皇宫庭院内，这样国王就可以每天参拜毗湿奴。贾亚

斯提提·马拉国王自称是变化多端的毗湿奴的化身，他之后的每一任国王都以毗湿奴的化身自居。

5. 尼亚塔波拉神庙

关于尼亚塔波拉神庙的修建流传着这样一个传说：很久以前，巴德岗仅仅是一个小村庄，其名字的意思就是"村庄"，而巴克塔普尔是"城镇"的意思。为了达到城镇的规模和地位，村民们决定在村庄的市场广场上修建更大一点的神庙，即尼亚塔波拉神庙。但是已经在广场上接受供奉的湿婆神炉火中烧，开始残害百姓。国王忧心忡忡，了解百姓死亡的原因后也对湿婆神庙进行了扩建，并且在尼亚塔波拉神庙中供奉密宗的吉祥女神，从此湿婆变得温和，再没有屠杀百姓。

尼亚塔波拉神庙是一座 5 层约 30 米高的神庙，矗立于陶玛蒂广场上，隔着广场很远的地方就可以看见这座拔地而起的神庙屋顶。这座神庙是尼泊尔最高的神庙建筑，也是加德满都谷地最高的传统建筑之一（图 4-10）。神庙修建于 1702 年布帕亭德拉·马拉国王统治时期，它的建造工艺非常优秀，整体非常坚固，1934 年的巴德岗大地震只对其造成很小的破损（仅最高层因受损而重建）。神庙底层由 20 根木柱和 4 面墙体支撑（图 4-11），木柱与墙体形成的廊道聚集着众多信徒和游客。

通往神庙的台阶两侧分列着神庙的守卫石像。最底层的塔基上是传说中的金

图 4-10　尼亚塔波拉神庙立面

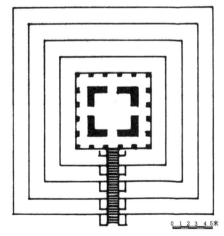

图 4-11　尼亚塔波拉神庙一层平面

刚力士贾亚玛尔和帕塔，造像为单膝跪地蹲坐，非常具有力量感。上面一层塔基平台上的守卫者配有雕花象鞍的大象，再上面一层塔基平台上是挂着铃铛的狮子，第四层塔基平台上是长角的半狮半鸟怪兽狮鹫，最上面一层塔基平台上是巴赫妮（Baghini）和西赫妮（Singhini）两位女神。这些石雕的排列顺序是根据

他们的力量来衡量的，上面一层的雕像是下面一层雕像力量的十倍，最底层的金刚力士力量是人类的十倍，这是这座神庙一大特点（图4-12）。

这座神庙供奉的是帕尔瓦蒂的嗜血化身。由于女神的这个化身太恐怖，因此只有神庙的祭司才被允许进入神殿内部。神庙门

图4-12　尼亚塔波拉神庙五层守护神

上方的塔门上雕刻的这位女神在蛇盘成的华盖下的形象并不像传说的那么残忍。神庙的另一个特点是屋檐斜撑有108根，斜撑上的雕刻图案以神祇为主，非常精美。作为宗教融合的典范，佛教八宝[1]也被雕刻在寺庙门廊旁边。

第二节　印度教神庙建筑类型

印度教作为尼泊尔第一大宗教，神庙建筑繁多，其建筑形制也非常丰富。由于尼泊尔地处热带，砖石和木头经常受到风雨的侵蚀，大部分神庙形制都经过多次改变。现存的神庙大多建造于16世纪之后的马拉王朝后期。以功能区分，印度教神庙可以分为两种：一种供奉由施主设置的神，另一种供奉发现于当地的神。供奉施主设置的神的神庙一般等级比较高，通常建于高台基上，信徒进入神庙必须先攀爬数十步台基，营造出庄严肃穆的氛围。供奉发现于当地的神的神庙就显得比较平和，一般直接建于平地上，神庙底层也通常设置开敞的围廊。以神庙屋顶形式区分，印度教神庙可以分为锡克哈拉式神庙、尼瓦尔塔式神庙、穹顶式神庙和都琛式神庙。

1　象征佛教强大威力的八种物象，由八种识智眼、耳、鼻、音、心、身、意、藏感悟而显现，描绘成轮、螺、伞、盖、花、罐、鱼、长八种图案。

1. 锡克哈拉式神庙

在加德满都谷地，锡克哈拉式神庙数量仅次于尼瓦尔塔式神庙。这种充满浓郁印度风情的神庙风格得名于其锥形尖顶，锡克哈拉在梵语中是"山峰"的意思。锡克哈拉式神庙通常由砖或石材砌筑而成，顶部采用锥体金字塔形式，造型独特而优美。根据印度历史学家研究表明，这种形式可能起源于古代用于遮蔽祭坛的简易构筑物。

锡克哈拉式神庙最早出现在 5 世纪的印度，到 10 世纪左右发展成熟，这种形式的神庙主要集中在印度南部地区和中央邦（Madhya）地区。1839 年，英国殖民者在印度新德里东南方向一个名为卡久拉霍（Khajuraho）的小镇发现了卡久拉霍神庙群。该神庙群始建于 950 年左右，经过 100 多年修建完成，现存 22 座神庙。卡久拉霍神庙分为东、南、西三个群落，每个群落的神庙都雕刻精致且如同竹笋一般从粗到细向上伸展。16 世纪左右，锡克哈拉式神庙传入尼泊尔谷地。最初谷地尼瓦尔人称之为"格兰特库塔"式神庙，"库塔"指神庙上神龛状小建筑。马拉王朝对于充满印度风情的锡克哈拉式神庙非常热衷，将这种形式神庙修建在杜巴广场上。

尼泊尔谷地早期的锡克哈拉式神庙大部分和印度锡克哈拉式神庙相同，采用石材砌筑，只有小部分采用砖砌筑。帕坦杜巴广场南侧入口处纳辛哈神庙是典型的红砖砌筑的锡克哈拉式神庙（图 4-13），神庙整体形式和印度的锡克哈拉式神庙十分相似，但是细部装饰有所不同，采用了尼泊尔建筑风格样式。

锡克哈拉式神庙平面多为正方形，极少数为多边形。1723 年建造的帕坦克里希纳神庙是典型的多边形（八边形）神庙（图 4-14）。神庙一层四周由 24 根石柱支撑，整体向上收缩，中间高高突出锥形顶（图 4-15）。这座神庙的形象经常出现在尼泊尔居民使用的黄铜酥油灯上。这座神庙为三层，每层的门廊都

图 4-13　帕坦纳辛哈神庙

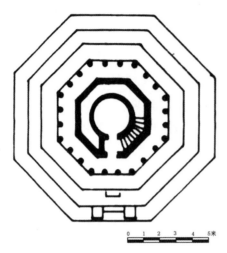

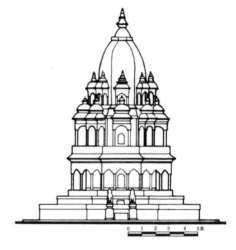

图 4-14 帕坦克里希纳神庙一层平面　　　图 4-15 帕坦克里希纳神庙立面

有廊柱支撑。

2. 尼瓦尔塔式神庙

尼瓦尔塔式神庙是加德满都谷地特有的建筑景观，它们与谷地周边金字塔形的山峰交相辉映，独具魅力，据说此形式神庙的设计灵感就来自于山峰。尼瓦尔塔式神庙平面通常为正方形，偶尔会出现矩形和八边形。加德满都杜巴广场上的克里希纳神庙就是八边形尼瓦尔塔式神庙。神庙建在五层台基上，底层由 24 根木柱和一圈墙体围合成檐廊及神龛（图 4-16）。神庙有三重屋檐，整体向上逐步收缩（图 4-17）。象神庙、湿婆神庙和毗湿奴神庙多为正方形神庙，这些神庙的一大特点就是多层屋顶，屋顶数量通常为一层至五层，其中二层和三层屋顶神庙最为普遍。在加德满都谷地有两座四层屋顶的神庙和两座五层屋顶神庙［帕坦的坎贝士瓦神庙（Kumbeshwar Temple）和巴德岗尼亚塔波拉神庙］。倾斜的屋顶一般是由独特的尼泊尔陶土瓦覆盖，比较富有的神庙会使用镀金铜板覆盖其中一层或者全部屋顶，钟形塔尖通常由陶土瓦或镀金铜板制成。

神庙通常建在有台阶的方形基座上，这些基座一般都比较高，甚至可以超过神庙本身的高度，许多神庙台阶的数量和神庙屋顶层数相吻合。神庙内有一座小神殿，供奉着神像。等级较高的神庙是不对外开放的，信徒们只能在门外祈祷，只有祭祀才被允许进入神殿。

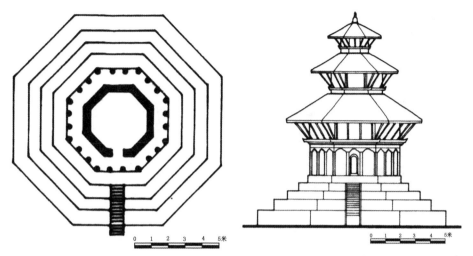

图 4-16　加德满都克里希纳神庙一层平面　　图 4-17　加德满都克里希纳神庙立面

尼瓦尔塔式神庙最主要的特点是装饰复杂而精美。尼瓦尔塔式神庙每层屋檐下都有金属或者布匹制成的装饰品，例如一排小铃铛或者刻有浮雕的金属横幅。从最高层的屋顶一直垂落在最底层屋顶的金属装饰带被称为帕塔卡（Pataka），信徒认为神灵将通过帕塔卡降临到人间。另外一个装饰元素是其他建筑也通常会使用的檐部支撑，支撑上繁复的雕刻通常与神庙供奉的神灵及其坐骑有关，也有许多神庙檐部支撑上雕刻有情色图案。

3. 穹顶式神庙

穹顶式神庙出现年代晚于其他类型神庙，大约成型于 19 世纪中叶，深受伊斯兰风格影响。此类神庙主要分布在尼泊尔西南部，加德满都谷地也有数座。沙阿王朝的统治者偏爱穹顶式神庙，在谷地内建造了数座此类神庙。穹顶式神庙的出现和宗教入侵有很大关系，伊斯兰教徒入侵谷地破坏印度教和佛教建筑的同时还修建了伊斯兰建筑。这些为后期印度教神庙融入伊斯兰建筑形式奠定了基础。

穹顶式神庙一般建造在三层砖石台基上，平面呈正方形，其中一面设台阶通往神庙主体建筑。建筑一层四面开门，平时通常只有正门开启（图 4-18）。穹顶式神庙立面可以分为三部分：顶部最高的穹顶、中部的庙身和底部的基座。三部分由大到小、自下而上逐步收缩（图 4-19）。庙身底部有两类形象，第一类底部由一圈砖墙砌筑而成，仅在中间设门。第二类底部有一圈柱廊和一圈砖墙共同承

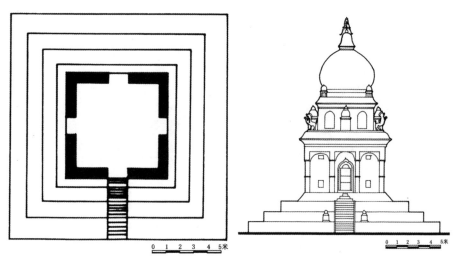

图 4-18　穹顶式神庙一层平面　　　　图 4-19　卡拉卡纳神庙立面

重，形成类似尼瓦尔塔式神庙的转经廊道。穹顶式神庙体量较小，常用于供奉湿婆林伽。

4. 都琛式神庙

都琛式神庙是尼泊尔最古老的神庙建筑形式，和谷地民居建筑形式非常相似，最早可追溯至基拉底王朝。最初的都琛式神庙和民居相同，采用简易的砖木砌筑而成，规格略高于普通民居，通常建在城镇的中心位置。随着建造技术的进步，神庙的层数越来越高，雕刻越来越精美。都琛式神庙与普通民居的区别除了更加高大精美外，最重要的是神庙屋顶上安装有宝顶，宝顶的形式和其他类型神庙相同。加德满都杜巴广场上的湿婆帕尔瓦蒂神庙就是典型的都琛式神庙，神庙建在

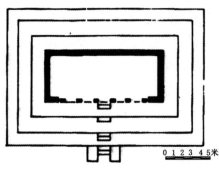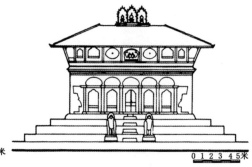

图 4-20　湿婆帕尔瓦蒂神庙一层平面　　　图 4-21　湿婆帕尔瓦蒂神庙立面

三层台基上，主入口由六根木柱支撑（图 4-20）。都琮式神庙立面可以分为四部分：底部台基、中部墙身、上部出挑屋檐和顶部宝顶（图 4-21）。

随着尼泊尔宗教的发展，都琮式神庙建筑不断融合了其他类型神庙的建筑形式。加德满都谷地有数座都琮式神庙融合尼瓦尔塔式神庙的形式，采用多重屋檐。帕坦库玛丽神庙和塔莱珠神庙就是采用三重屋檐的形式（图 4-22）。信徒为了进一步表达对神灵的虔诚，甚至在屋顶和宝顶中间立起一个塔式小神龛，供奉神庙，帕坦库玛丽神庙就是如此（图 4-23）。

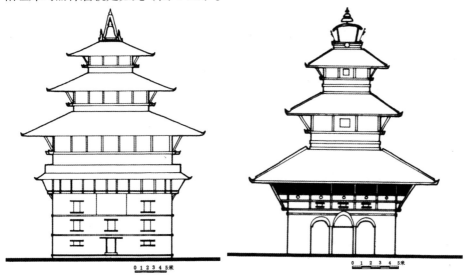

图 4-22 帕坦塔莱珠神庙神庙立面　　图 4-23 帕坦库玛丽神庙立面

第三节 印度教神庙建筑形制

1. 功能

与欧洲人对尼泊尔传统重檐神庙的定义方式不同，尼泊尔人通常将神庙称为"曼迪"（Mandir）或者"迪加"（Dega），在梵语中"曼迪"或者"迪加"具有"神之家"的含义。尼泊尔历史上使用过三种语言：尼泊尔语、尼瓦尔语和梵语，因此一座神庙通常会有三种语言称谓，但是三种称谓表达的都是同样的内容。在尼泊尔，几乎每一座神庙都是以其供奉的神祇命名的，例如昌古纳拉扬神庙、帕斯帕提纳神庙等。在印度教中同一位神可能有多个化身，如毗湿奴就有十个化身，所以神庙因供奉的是同一个神的不同化身而有不同的称谓。有时神庙还会出现以所在的位置来命名，比如加德满都的加德满都象头神庙就是以神庙附近的加塔曼达帕街命名的。

信徒参拜神庙与神庙的规模大小关系不大，与其供奉的神祇的地位和能力有关。供奉印度教三位主神梵天、湿婆和毗湿奴的神庙每天都会有众多信徒参拜。供奉同一位神的不同化身也会影响参拜的信徒，比如湿婆的兽主化身威力无穷，每天参拜的信徒络绎不绝，而湿婆的其他化身参拜的信徒就少很多。印度教信徒相信，同一位神的化身力量是不同的，不同化身之间威力是无法传递的。

印度教神庙通常在每年的一个固定时间接受信徒的供奉，比如在湿婆节，所有供奉湿婆的神庙都会庆祝湿婆的诞辰，规模最浩大的是加德满都的帕斯帕提纳神庙，节日当天有成百上千的苦行僧从尼泊尔各地和印度聚集于此庆祝节日。

印度教信徒相信，有些神庙供奉的神祇具有某种神力。比如某位神具有治疗的功效，那些生病的人或者病人家属就会到神庙中供奉；某位神具有保佑孩子的神力，家长就会到神庙中祈祷神保佑自己的孩子；某位神掌管生育，信徒就会到神庙中供奉祈求神赐予其孩子。在加德满都最受信徒喜欢的是象头神甘尼沙神庙，因为象头神可以解决人们生活中的各种困难。象头神是湿婆和帕尔瓦蒂的二儿子，为象头人身，被认为是最聪明的人类和最聪明的动物的结合，因此象头神还被称为知识之神和智慧之神（图4-24）。尼泊尔人相信，象头神主管成功，向象头神祈祷可以使其获得成功。象头神身体的每一个部分都有寓意：庞大的身体代表丰富的智慧；硕大的脑袋寓意勤于思考；两只宽大的耳朵代表倾听；小眼睛寓意集中注意力；小嘴巴代表少说话；长长的鼻子寓意隐藏强大的力量。

神庙的参拜人数还与神庙的地理位置有关系，一般建于城镇中心位置的神庙信徒供奉最频繁。建于山顶、道路交叉口、河流交叉处的神庙也非常受信徒的青睐。

2. 方位与平面布局

印度教神庙方位的确定与其宗教教义有关。首先确定神庙的边长，再用边长除以8，得到0—7的余

图4-24　接受供奉的象头神像

数，每一个数字代表一个方位。0 代表东北方向；1 代表东向，用旗帜表示；2 代表东南向，用奶牛表示；3 代表南向，用狮子表示；4 代表西南向，用狗表示；5 代表西向，用公牛表示；6 代表西北向，用猴子表示；7 代表北向，用大象表示。每一个朝向的数字都有特定的含义：1 表示好运；2 表示焦虑；3 表示战胜敌人；4 表示体弱多病；5 表示悲伤；6 表示水性杨花的女性；7 表示幸福。可以发现单数大多代表吉祥，双数大多寓意不佳。1、3、7 都是吉祥的数字，适用于神庙主要立面的朝向。因此通常神庙都是朝北或者朝南。

印度教神庙建筑的平面形式由其宗教教义决定，最基本的正方形平面是根据宇宙原人（图 4-25）曼陀罗（坛城）的形式决定的[1]。有的印度教学者认为，印度教神庙是一个立体曼陀罗形式，是神身体的象征，是宇宙中心的反映。还有学者认为印度教神庙是仿照宇宙中心须弥山（Sumeru）的形状建造的，神庙最中心的密室对位神生活的地方。神庙建于高台基上是要求信徒沿着陡峭的台阶往上攀爬，营造信徒对须弥山敬畏朝圣之心。

印度教坛城为一个正方形，正方形再等分为 64 个或 81 个小正方形。通常坛城会等分为 81 个小正方形，在坛城中心的 9 个正方形设置密室，供奉主神像，其余的每个小正方形都象征一个特定的神祇，最靠近中心密室的是太阳、月亮和其他表示方位的神（图 4-26）。

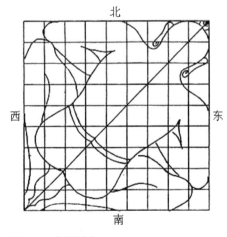

图 4-25　宇宙原人

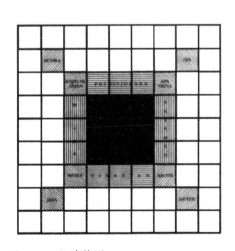

图 4-26　坛城简图

1　曾晓泉. 人神共存的境界——尼泊尔古宗教建筑空间文化赏析[J]. 设计艺术研究，2013（6）.

　　加德满都谷地的印度教神庙平面布局通常分为以下九种类型。

　　A类神庙的平面呈正方形或者长方形，三面辟门，正立面由偶数根木柱支撑，通常为一至三层，整体呈向上收缩状。代表神庙是加德满都象头神甘尼沙神庙（图4-27）。

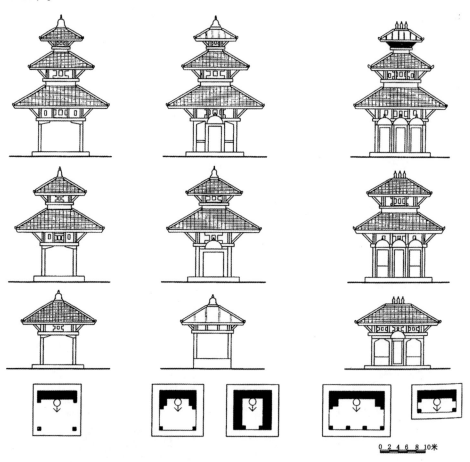

0 2 4 6 8 10米

图 4-27　A 类神庙

　　B类神庙的平面呈正方形或者长方形，正面辟门，供奉的神像靠神庙后墙，居中正对神庙门，通常为一至三层，整体呈向上收缩状。这类神庙通常供奉毗湿奴的化身纳拉扬神像（图4-28）。

　　C类神庙的平面呈正方形，四面辟门，神庙通常没有特定朝向限制，但是神像会有一个确定的朝向，常见的为一层屋顶，少数会出现三层屋顶。这类神庙通常供奉的是湿婆林伽（图4-29）。

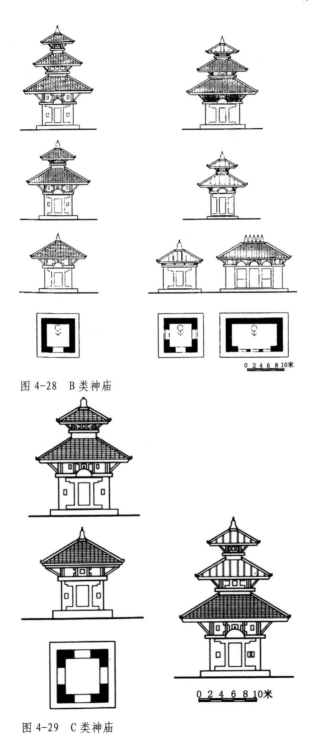

图 4-28 B 类神庙

图 4-29 C 类神庙

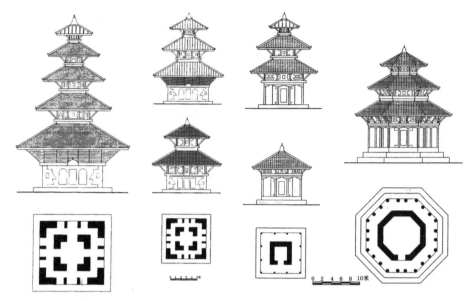

图 4-30　D 类神庙　　　　　　　　　　　图 4-31　E 类神庙

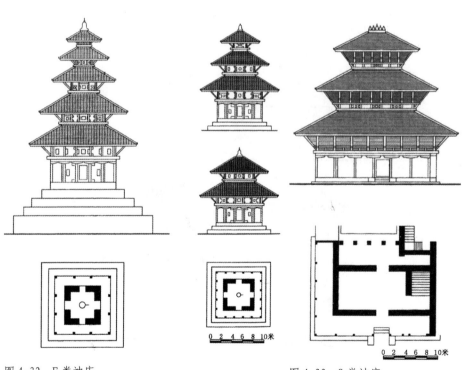

图 4-32　F 类神庙　　　　　　　　　　　图 4-33　G 类神庙

D 类神庙的平面呈正方形，四面辟门，神庙内部有一圈墙体围合，形成"回"字形布局。神庙的中心位置供奉神像，回廊供信徒参拜转经。神庙每一面的门都很宽大，但是回廊的宽度比较小，仅供一个人同行。神庙的内部通常供奉湿婆林伽，也有供奉骑在尤尼上的毗湿奴化身纳拉扬。此类神庙平面形式和印度教坛城比较接近（图 4-30）。

E 类神庙的平面呈正方形或者正八边形，仅在正面辟门，神庙内部有一圈墙体围合，形成"回"字形布局。供奉的神像靠近内墙后侧，居中正对神庙门。信徒可沿着周边一圈柱廊参拜。此类神庙通常供奉纳拉扬（图 4-31）。

F 类神庙的平面呈正方形，四面辟门，内部有一圈墙体围合，外侧一圈为柱廊，整体呈"回"字形。神像居中放置在神庙的中心位置，通常神庙供奉的是湿婆（图 4-32）。

G 类神庙的平面呈长方形，正面辟门。此类神庙供奉神祇的方式比较特殊，神祇安放在神庙的上层，神龛的位置就是一个大厅，占据整个上层，信徒需要通过楼梯进入上层进行参拜。此类神庙通常供奉的是比姆森、巴拉瓦和密宗女神（图 4-33）。

H 类神庙平面呈正方形，立面为多重檐屋顶形式，神庙底部 3—4 层通常为宫殿建筑。此类神庙通常为国王皇家神庙，作为王宫建筑群体的一部分。神庙底部宫殿与周边王宫形式统一，上部神庙雕刻非常华丽精美。神庙供奉的神祇设置在宫殿上部的神庙中心位置，王室成员须先通过楼梯才能进入神庙参拜。此类神庙由王室出资修建，所以华丽程度远高于其他神庙，且较其他神庙也高出不少，形成统领周边神庙之感（图 4-34）。

I 类神庙平面呈长方形，形式和其他神庙差别比较大。此类神庙在尼泊尔语中意为"神之家"。神庙在形式上融合了尼泊尔传统民居形制，通常和民居建筑并排而建，不像其他神庙那样突显。神庙的入口通常设置守卫的狮子或其他守护者以增强其可识别性。此类神庙通常供奉密宗的神祇，也有供奉象头神甘尼沙的。神龛通常设置在神庙的上层，信徒通过楼梯进入上层进行参拜（图 4-35）。

通过对以上九种平面形式的神庙研究，可以发现神庙设计通常以坛城的平面布局为基本原则，神庙平面形式、结构以及朝向一般都有固定的模式。神庙的层数、建筑材料因各个神庙的等级差别而有区别，且神庙内部的石雕和木雕都有严格的模数。

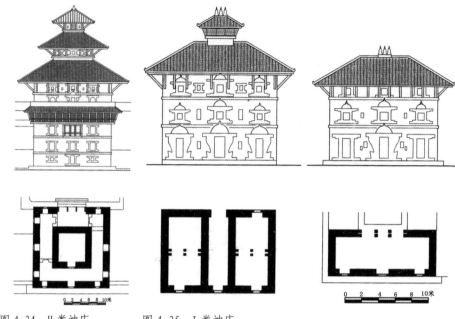

图 4-34　H 类神庙　　　图 4-35　I 类神庙

3. 模数制度

印度教神庙的平面和立面有一定的模数制度。尼泊尔的古代文献显示，3 是神庙的基本模数。神庙每层的宽度由神庙的层数决定，公式表示为 $3N$（N 为神庙的层数）。由此可见，如果神庙顶层尺寸为 3，那么下一层尺寸为 6，再下一层尺寸为 9，由此推导，如果神庙为 5 层，那么底层的尺寸即为 15。

确定了神庙的平面尺寸之后即可确定神庙的立面尺度，尼泊尔工匠通常采用神庙平面宽度的 2—3 倍作为神庙的高度。加德满都谷地的众多神庙，都采用这种方式确定立面高度。

尼泊尔神庙立面须与湿婆的化身延特拉神相对。据尼泊尔手抄本文献显示（图4-36），神庙立面可以拆解为两个图形：两个重叠的三角形组合成一个六角形；两个等边三角形相接拼接成菱形。根据印度教教义，尖角向上的三角形象征男性，尖角向下的三角形象征女性，两个三角形重叠组合成六角形表示男女交合，象征创造。

尼泊尔另外一个确定神庙立面高度的方法是：由三个按照比例分割的三角形确定神庙各部分主要元素的高度，主要元素包括装饰层的高度、屋顶坡度的比例尺度和墙体的高度。

根据古代手卷规定，神庙每一部分的尺寸与比例必须通过计算来控制，只有通过准确的计算来修建，才能保证神庙与宗教教义中坛城的数字系统和谐一致。比例与尺度不仅仅规定限制了神庙建筑，而且对于神庙供奉的神像有同样严格的规定。对神像制作的尺度规定体现在神像面部的长度上，神像前额至下巴的距离被作为神像身体的基本模数，称之为"塔拉"，一个"塔拉"分为 12 等份。雕刻或者绘画的神像必须比例与尺度完美，这样才

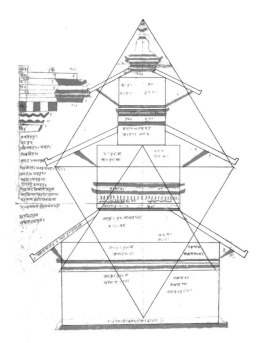

图 4-36　尼泊尔手抄本文献

可以被延请到神庙中供奉。在尼泊尔印度教信徒心中，神庙的比例协调且完美才会使神具有强大的法力，从而保护信徒及整个区域的居民。

马拉王朝时期，尼泊尔的基本计算单位是"库"，一"库"表示手肘到中指顶部的长度，换算到现在的单位大约 45.72 厘米，一"库"相当于 24 节手指长度。其他单位还有"土"和"库拉"，一"土"是一个大拇指的宽度，大约 1.9 厘米；一"库拉"表示手指全部张开的最远的两个手指之间的距离，大约 22.86 厘米。"库拉"和中国传统的民间小尺度丈量很类似，可见不同民族之间的文化还是有相似之处的[1]。

第四节　印度教神庙建筑细部

尼泊尔印度教神庙建筑虽然受到印度神庙建筑的影响，但是经过长期发展，形成了自己的特色。建筑元素和构造手法等各方面独具特色。下文通过对神庙各部分的研究，展示尼泊尔印度教神庙建筑的元素及其特征。

1　周晶，李天.加德满都的孔雀窗——尼泊尔传统建筑［M］.北京：光明日报出版社，2011.

1.基座

与中国传统宗教建筑相似，尼泊尔印度教神庙通常修建在台基之上，不同类型和等级的神庙台基的大小和高度不同。基座作为神庙最底部的部分，具有三个作用：①基座将地面和神庙主体部分分开，使神庙主体部分不受地面泥土的污染，雨天不受地面积水的侵蚀，很好地保护木质围廊。②基座将神庙抬高，使神庙与周边世俗生活分离，形成独立的空间，符合其宗教思想。③台基作为信徒进入神庙内部前必须攀登的一段路程，将人流向上引导，营造出宗教的神圣强大、不可轻易靠近的氛围。同时，神庙置于高台基之上，使得平常人们需要仰视才能看到神庙的入口，增加了神庙的神秘色彩。

神庙基座最外侧可见部分通常是由砖或者石材砌筑而成，每一层基座的表面通常用石材铺设，石材具有非常强的耐磨性，且经历长期的摩擦后更显得光滑锃亮，有助于雨水的排放。石材相对于砖具有更强的稳定性，所以大多数神庙的边缘通常用石材围合（图4-37）。

图4-37　石材围合的神庙基座

神庙基座的层数与神庙修建时资金投入有关，马拉王朝早期修建的神庙基座通常是1—2层，如昌古纳拉扬神庙采用两层基座形式。到了马拉王朝的中晚期，神庙开始修建在更高更大更多层的基座上，如加德满都的塔莱珠女神庙修建在12层的基座上，是尼泊尔基座层数最多的神庙。而在巴德岗，有尼泊尔基座最高的神庙。修建于1702年的尼亚塔波拉神庙修建于5层基座上，神庙主体部分加上基座总高度超过40米，是尼泊尔最高的神庙。屋檐层数较多的神庙其基座的层数也比较多，两者之间似存在某种联系。

神庙基座和神庙平面的形制，都来自宇宙坛城的理念，基座是神庙内部宇宙的边界。加德满都谷地的神庙基座大多采用正方形，与神庙的底层平面形式相统一。基座往上逐层缩小，但是平面形状始终保持正方形。

有的神庙基座平台非常大，会在某层基座平台上的四角和其他位置修建小的二级神庙，二级神庙和主体神庙一样，保持轴线的对称性。加德满都的塔莱珠女神庙有12层基座，从底部开始的每4层形成一组，在第二组的底部基座上对称布置着12个二级神庙，里面供奉着潘查延纳神及八个方位守卫神。第三组的底部基座上对称布置着4个二级神庙，分别位于基座的四个角部（图4-38）。第三组的基座由一圈围墙围合起来，从这里通向神庙内部的台基相对于底部的台基更为陡峭，营造出了一定的宗教氛围。神庙基座四角的二级神庙规模较小，分别代表不同的神：东南方向庙代表太阳神苏瑞；西南方向的代表象头神甘尼沙；西北方向代表湿婆的配偶女神帕尔瓦蒂；东北方向代表毗湿奴的化身纳拉扬。

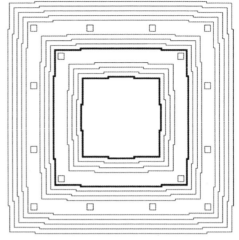

图 4-38　加德满都塔莱珠神庙一层平面

图 4-39　神庙基座雕刻装饰

神庙基座的边缘往往用石材或砖的雕刻装饰，以多层次线脚和须弥座纹样为主（图4-39）。复杂精美的雕刻装饰着原本粗犷的基座，在地面和雕刻更加繁复的神庙主体建筑之间起到很好的衔接作用。在神庙基座上除了二级神庙，还在神庙主入口一侧的基座上设置多层次的守护神兽。印度教信徒相信，守护神可以驱赶对神庙有威胁的邪神和恶人，守护神庙安全。每一层守护神等级和力量的提升与神庙营造的宗教氛围相吻合，体现出神庙的崇高与强大。

2. 檐柱

在尼泊尔印度教神庙建筑中，檐柱是其一大特色。檐柱在神庙建筑中有两大作用：①檐柱是神庙重要的结构部件；②檐柱是神庙重要的装饰部件。檐柱的结构作用是毋庸置疑的，建筑上部荷载通过檐柱传递到基座，保证了神庙的结构稳定。檐柱的装饰作用也显而易见，清晰、精美的檐柱雕刻图案，展示了印度教文化。与墙体封闭的围合方式不同，檐柱在神庙内部与神庙外部空间之间形成一个开放通透的灰空间（图4-40），供信徒参拜转经时使用。神庙的檐柱数目通常为偶数，从而形成奇数开间，形成中轴对称格局。有些神庙的上层墙体较重，就会出现双排檐柱布局，两排檐柱垂直于墙体一前一后布置（图4-41）。

与中国古代木构建筑柱式类似，尼泊尔印度教神庙建筑的檐柱也可以分为四个部分：柱础、柱身、柱头、托木。柱础有石材的也有木材的，等级较高的神庙一般采用石质柱础，普通小神庙多采用木质柱础。石质柱础相对于木质柱础高度较低，高出地面5厘米左右。柱础的形状与檐柱的截面形状相同，面积大于檐柱截面面积。相对于石质柱础，木质柱础会比较高，其高度在柱宽的1/2—1之间。木质柱础和柱身之间采用榫卯的方式交接，非常牢固。

柱身是承重和装饰的主体部分，高宽比在1∶6—1∶7之间，很好地承受上部墙体荷载，同时用于装饰雕刻的面也较大。柱身的截面形状有三种：正方形、圆形、正八边形。正方形柱身较多，柱身上多雕刻各种图案。圆形和正八边形柱身较少见，柱身没有雕刻图案。柱身的雕刻具有特定的宗教含义和文化意义，供奉不同神祇的神庙檐柱雕刻会有细微的差别。柱身的雕刻母题众多，莲花叶是每座神庙都会采用的元素；植物的花蕊在一根檐柱上可多次出现；牛眼通常出现在檐柱雕刻的中间部位；胡桃出现在雕刻上部；一排较小的圆球出现在雕刻的下部；平坦的球形象征水滴雕刻在牛眼的上面或者下面；水瓶雕刻在较低部位；神祇雕像通常出现在雕刻的上部和下部（图4-42）。

柱身上雕刻的神祇与神庙供奉的神祇相同或相关，柱身雕刻的神祇多为蹲姿和坐姿。神祇的形象最多出现在同一个檐柱的两个高度上。部分柱身下部雕刻的

图4-40 檐柱形成的开放转经空间　　　图4-41 双排檐柱布局

古蒂

纳为哈

卡拉沙

图 4-42　神庙檐柱雕刻　　　　图 4-43　神庙檐柱雕刻名称

神祇是普纳卡拉沙，因为它通常是围绕在神堂周围的神祇[1]。

　　柱身的不同部分还有不同的名称：古蒂（Guti）、纳为哈（Nahgvah）和卡拉沙（Kalas）。古蒂是采用不同的母题作为柱身上阶段的图案；纳为哈是两个母题之间的间隔条纹；卡拉沙是圣水瓶的形状（图 4-43）。

　　柱头是柱身与托木之间的连接构件，尼泊尔语中称为"查库拉"（Chakula）。柱头剖面呈正方形，雕刻比较简单，由几层线脚组成，高度约为木质柱础的一半。柱头每边都超出柱身，以更多面积承接上层荷载。

　　托木是一个木构件，将上部木梁的荷载传递到下部柱子。托木的装饰母题非常丰富，可以分为神祇、动物以及花卉纹样。当雕刻神祇时，着重表现与神有关的故事。雕刻的动物一般都是神的坐骑。有的神庙托木还会雕刻与国王有关的故事，比如狩猎。总的来说，托木更多地展现神庙中供奉的神祇的故事。

3. 墙体

　　神庙使用砖作为承重墙，用黄土作为黏结剂。砖除了能承重外，还是神庙重

1　张曦. 尼泊尔古代雕刻艺术的风格 [J]. 南亚研究，1987（12）.

要的装饰材料。砖雕常常出现在窗户和门头上方、上下楼层交接外墙处、屋顶檐口处、墙体转角处等。在一座神庙中，根据墙体的不同位置，使用不同类型的砖。墙体的厚度与神庙的层数和高度有关，层数较高的神庙墙体比较厚。从厚度上墙体可以分为三层，内层采用晒干土坯砖，中间层采用黏土，最外层采用弧线形烧结砖铺设，以保证了墙体表面光滑平整，保护墙体减少腐蚀。

（1）挑檐砖作

挑檐砖通常做好几层，每一层使用不同的图案装饰，相互之间有一定的排列顺序。最上层是雕刻着花卉的出挑砖，一般雕刻莲叶；第二层是边缘倾斜带有沟槽的砖；第三层是边缘倾斜的砖，防止雨水滴落到墙面上；第四层是雕刻着莲花、狮子面、骷髅头等图案的砖；第五层是雕刻着鸡蛋图案的砖；最下面一层是雕刻有鱼鳍的砖。当然，并不是所有的神庙都用六层挑檐砖作，等级越高的神庙挑檐砖作层数越多（图4-44）。支撑屋顶斜撑使用的是曲面砖，在神庙的四个角部的

图4-44　挑檐砖作

图4-45　分层砖作

每层屋顶的挑檐层也会使用两层曲面砖。

（2）分层砖作

神庙的每层都有分层砖作，以此划分神庙的层数。许多神庙用木雕刻代替分层砖作。木雕较砖雕更加生动，层次也更加丰富，但是木雕经历风雨后易腐蚀，而砖雕则保存较为完好（图4-45）。分层砖从墙面出挑15厘米左右，顶层的分层砖作出挑以承托屋顶斜撑。

（3）壁龛

许多神庙主入口门和窗户的两侧设有壁龛，壁龛中雕刻神庙守护神像。壁龛的形式和窗户相似，尺寸要小很多，一般呈竖向长方形，宽度约30厘米，高度约50厘米，有的神庙壁龛呈横向长方形。壁龛上有装饰门头，挑出墙面。壁龛外圈形状各异，有莲叶、蛇纹等装饰图案（图4-46）。印度教学者认为，神庙外墙壁龛与印度教教义中向信徒指引神庙的方位和神祇位置有关。壁龛中还会出现不常见的神祇或者面目狰狞的守卫作为主神的守护者。守卫者雕刻有木雕、石雕、铜铸三种，有的雕像是镀铜的。

经调研发现，印度教神庙墙面一层位置的壁龛安置神庙供奉的主神神像，二层和三层的壁龛主要安置主神的侍从，中轴线门窗两侧壁龛的神像通常为主神的金属雕像。印度教学者认为，一层的壁龛是为了让更多的信众近距离接触主神，因为大多数信众不被允许进入神庙内部。一层壁龛中的神像常常被红色颜料覆盖，这是因为信徒用特制的祭品供奉给了神灵。

图4-46　神庙壁龛神像

4.门

尼泊尔神庙门窗装饰雕刻是尼泊尔传统建筑最高艺术水平的体现,展现了尼泊尔工匠高超的木雕与铜雕技艺,是亚洲乃至全世界最精彩的手工艺术。尼泊尔国王和民众穷尽技艺来表现其对神灵的敬畏与推崇。

神庙的门和居民住宅的门一样,非常矮小。门洞净高约1.7米,门槛高约0.2米,因此成年人进入神庙必须低头弯腰。神庙一般采用单门框双扇门,较大的神庙在主入口采用三门框双扇门,但是通常两侧的双扇门关闭,信徒必须从中间的门进入神庙。因为神庙的墙体比较厚,所以神庙一般设置两套门,这和两排神庙檐柱的做法相似。每一套门都设置大门,晚上神庙的两套大门都会关闭。门后设有木门闩,外侧大门的外面还会设置铁制门闩,永久性关闭的门因此可以从里面用门闩关闭,再从外侧用铁锁锁住。

神庙门的上端和下端一般有横梁延伸嵌入墙体中,增强门和墙体的整体连接性,有时只有上端延伸出横梁嵌入墙体。门框的上横梁比下横梁要长,并且门框平面和墙体平面相平齐(图4-47)。

神庙外门框边界做得非常整齐,与墙体交接处不留一丝缝隙,仿佛与墙体成为

1. 门槛
2. 门框
3. 门楣
4. 门扇侧翼
5. 门头
6. 门扇

图4-47 神庙门各组成部分

一个整体。外门的木雕和檐柱、门头、斜撑一样精彩,但是木雕的图案和象征意义不尽相同。根据门的部位和功能不同,可以将门分为门框、门槛、门扇、门楣、门头和门扇侧翼六个部分:

(1)门槛是门最底部的条板,进入神庙必须跨越门槛。等级较高的神庙门槛上通常雕刻神庙的守护神,守护神雕刻在门槛与竖向门框的交接处。守护神是主神的恐怖形象,如湿婆神庙的门槛上通常有马卡卡拉守护。守护神手持主神的武器,因此可以通过守护神手中武器判断神庙供奉的主神。在印度教教义中,门槛上的守护神可以协助门前石雕守护神兽保护神庙安全,驱赶邪神和恶人。

图 4-48　帕坦金门门楣雕刻

（2）门框竖梃是门的承重部分，装饰较其他部分相对简单。竖梃的装饰可分为两个部分：门框竖梃的守护神和门槛的守护神相同，主要是主神的恐怖形象；守护神以上部分常采用莲叶、圣水瓶等元素，样式统一，层叠形成韵律。

（3）门楣是向外突出以承托上部门头的装饰承重构件。门楣雕刻通常采用宗教图案、莲叶、几何图案等元素，每层用一个元素，整体层叠（图 4-48）。

（4）门扇侧翼是门装饰最丰富的部分，因为侧翼提供面积最大的可雕刻空间。以所处位置不同，侧翼分为上侧翼和下侧翼，有的神庙大门只有上侧翼。以形状分类，侧翼可以分为曲线形和直线形。曲线形侧翼会出现等级较高的神庙，小神庙以及普通民居都采用直线形侧翼（图 4-49）。曲线形侧翼并不是全部以曲线雕刻，而是局部采用曲线连接，从而形成近三角形的立面形式（图 4-50）。侧翼立面常常雕刻各种图案，有雕刻龙、花卉和神庙守护神。

（5）门头是一个半圆形构件，用木板做成，其间镶嵌各种金属构件，放置在神庙大门或者窗户的上方。门头通常向下倾斜，形成一定的压迫感，便于信徒看清门头上雕刻的神祇（图 4-51）。门头与门框是相互分离的，门头的底部放置

图 4-49　直线型门框侧翼

图 4-50　曲线型门框侧翼

在门楣上的叠涩上，门头上部用绳子或者金属链条与墙面或者木雕连接，从而形成向下倾斜的效果。门头的尺寸根据神庙的等级和门的宽度而不同，小的门头只有 0.5 米宽，大的门头与神庙的门同宽，宽度可达到 2 米。有的神庙在所有门、窗户上都会安置门头。较大的门头往往由几块木板拼接而成，但是几乎看不见木板拼凑的缝隙，不禁让人感叹尼泊尔工匠木雕工艺的高超。

图 4-51　帕坦金门门头

门头的雕刻主题和神庙供奉的神祇有关，雕刻的神像都是供奉神本身或者其化身。门头外围一圈雕刻花卉等图案，神像对称居中雕刻，门头雕刻的神像都是奇数，中间的神像形体最大，两侧的神像逐渐缩小。

有的神庙门头采用金属雕刻，金碧辉煌。昌古纳拉扬神庙的门头就采用铜板雕刻，门头中间是毗湿奴神，左右两侧分别是大鹏金翅鸟和拉克希米（Lakshmi）女神，门头上端是一个恐怖的齐普（Cheppu）像，齐普像两侧是蛇神像。科特普尔（Kortpur）神庙门头是木制的，位于主入口两侧的祭坛上方。门头中间是巴哈尔·巴拉瓦（Bahar Balava）神像，左右分别是象头神甘尼沙和库玛丽女神。中心神像上方是骑在金翅鸟背上的纳拉扬神，两侧是八位母亲神和她们的男伴。外侧一圈是圆形的神龛，神龛中是八位巴哈尔·巴拉瓦神。金翅鸟有四只手，前面两只手持神器，后面两只手伸展在翅膀下，手持两条人首蛇身的怪物。

门头是神庙供奉神祇的最佳反映，表现神庙的神圣性和庄严性。门头的雕刻除了展示神庙供奉的主神，还会有数量不等的小型神像和动物、植物等图案（图4-52）。木质的门头通常涂刷成彩色，金属的门头则保持原样。门头上常见的小型神像有以下几种：

齐普神常位于门头的顶端，面目狰狞。齐普嘴中咬住一条试图逃脱的蛇的形象，表明它忠于职守，齐普戴着项链和臂环表明它强大无比，以战胜威胁神庙的邪神和恶人。

恒河女神总是站在海洋之母摩羯鱼身上，在印度教信徒心中恒河是圣河，信

朱木拿河女神

齐普

恒河女神

植物花卉

图 4-52　神庙门头雕刻形象

徒们认为恒河水可以洗去自己身上的污浊。摩羯鱼象征生命源泉永生不息。朱木拿河女神一般都和恒河女神并列存在，代表神庙的神圣。女神以站在海龟身上的形象出现。阿帕萨拉（Apsara）女神以手持鲜花的形象出现。

　　神庙门头不论装饰和雕刻多么繁复，神像的位置都是轴线对称的，主神居于门头的中间位置，其他神像对称布置在两侧。花卉图案则较自由地分布在门头上，整体对称即可。许多木质门头后期都镶嵌金属装饰物，神像往往是镀金或者镀铜的。

　　（6）门扇有单扇、双扇两种形式，窄门采用单扇，宽一点的门都采用双扇。门扇都是木质的，有的门扇有刻花金属包边。门扇上有整齐的小孔洞，尼泊尔每年有长达 3—4 个月的雨季，这些孔洞有助于关门时室内外空气的流通，改善建筑内部小气候。有的门扇上绘有佛眼，印度教信徒认为这是湿婆的眼睛。

5. 窗

　　神庙的窗户也对称布置在神庙的立面上，神庙的开窗数量是奇数，通常两个檐部斜撑之间至少有一扇窗户。窗户的构造方式非常复杂，包含内外两套窗框、窗楣、侧翼等构件（图 4-53）。内外两套窗框之间用木钉连接，内框嵌入外框中，内框通常雕刻更加精细。窗户的上下横梁也都延伸嵌入墙体中，增强与墙体的连接稳定性。窗户侧翼和门侧翼相同，雕刻各种小型神像、植物花卉、动物等图案。神庙窗户可以分为三类：盲窗、独立窗、排窗。

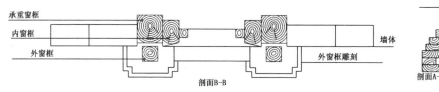

图 4-53 窗户构件组成

（1）盲窗

盲窗是尼泊尔神庙特有的一种窗户形式，严格地讲，盲窗不能称为窗户，因为盲窗不能满足通风采光要求。盲窗嵌入墙体的最外层烧结砖中，后面仍然是实墙，仅仅作为装饰部件存在（图 4-54）。盲窗有内外两层窗框，外侧窗框主要用于承重。盲窗中间的窗扇用窗台分隔成上下两部分，下部有一块封闭的木板固定在窗框中，上部有一套小的窗框嵌入在内侧窗框中，小窗框中雕刻神像，神像往往是神庙中供奉的神祇，如昌古纳拉扬神庙三层和四层的盲窗都雕刻毗湿奴的形

图 4-54 盲窗

图 4-55 盲窗窗框延伸嵌入墙体

象。盲窗上下窗框都延伸嵌入墙体中，增加与墙体的整体连接性（图4-55）。盲窗的窗楣装饰以莲叶、花卉和一些动物为母题的图案。

（2）独立窗

独立窗是神庙中采用最多的窗户，形式较统一，但是有大小主次之分，一般一大一小间隔排列。独立窗和盲窗的区别在于独立窗将盲窗中间封闭的神像雕刻部分被换成木窗扇，窗户后面的封闭墙体打通。独立窗的木窗扇由纵横交错的木条组成，中间的孔洞很小，通风和采光效果非常差（图4-56），但可以在满足神庙最低通风要求的前提下，不让信徒从神庙外部看见神庙内部的情况，增加神庙的神秘感。独立窗的上部通常有窗头，和神庙的门头相似。窗头上对称雕刻有神像、蛇、植物等图案（图4-57），神庙主神形体最大，居中而立。窗头和门头一样，略微向下倾斜，以使信徒清晰地看见上方雕刻的神像。

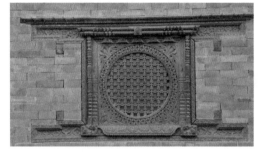

图4-56 独立窗

（3）排窗

排窗通常开在神庙的顶层，通常由三个或者五个单扇窗户组合（图4-58），有的神庙会出现七扇窗组合。排窗组合的窗户个数必须是奇数，保证排窗整体中轴对称。排窗中间的窗扇通常比其他位置的

图4-57 窗头雕刻图案

图4-58 五扇窗组成的排窗

窗扇雕刻精致，色彩鲜艳。中间扇窗户有时以盲窗的形式存在，但既使是盲窗，窗框上也会设置倾斜的窗头。中间扇窗户如果是盲窗，则会给盲窗镀铜，突出中间扇窗户雕刻的神像。每扇窗户都有两扇推拉窗叶，平时很少打开。排窗的雕刻和其他窗户类似，只是组合成整体更有韵律感。在尼泊尔神庙中，可以看到的排窗通常是五扇，因为信徒相信五扇开窗代表宗教仪式上五种基本材料。

6. 檐部斜撑

　　神庙檐部斜撑是尼泊尔传统神庙建筑的一大特色和亮点，是尼泊尔传统建筑技术与艺术的完美结合。斜撑是用于支撑出檐深远的坡屋顶，将出挑的屋顶重量传递到承托斜撑的墙体，其结构作用和中国的斗拱类似[1]。斜撑底部支撑在墙体出挑的砖墩或者木墩上，顶部与坡屋顶出挑的木椽相接。斜撑数量是偶数，沿着神庙主入口中轴对称。根据斜撑所处位置的不同，可以分为正面斜撑和檐角斜撑（图4–59）。正面斜撑位于每一面墙体的正面，檐角斜撑位于神庙的四个角部，与墙面呈45度夹角。神庙檐部斜撑最让人惊叹的莫过于其上面的雕刻，雕刻的题材、种类、形态各式各样，引人入胜。常见的木雕形象有神像、神兽、普通男女、植物花卉等[2]。

　　根据斜撑木雕的图案分布，可以将斜撑立面分为三部分，底部与砖墩或木墩交接区域、中间神像等形象表现区域、顶部与檐口交接区域。中间区域约占总长度的60%，底部和顶部各占20%。斜撑的长度与神庙的大小和神庙屋檐出挑的深度有关。一般较大的神庙斜撑都比较长，因此木雕上的神像也较大，最大可达1.2米左右。斜撑的底部和顶部雕刻比较简单，采用植物花卉或者几何图案。中间部分

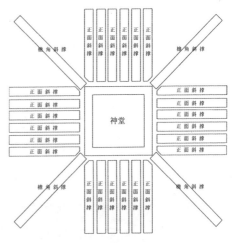

图 4-59　神庙斜撑分布图

1　殷勇，孙晓鹏. 尼泊尔传统建筑与中国早期建筑之比较——以屋顶形态及其承托结构特征为主要比较对象[J]. 四川建筑，2010（4）.

2　张曦. 尼泊尔古代雕刻艺术的风格［J］. 南亚研究，1987（12）.

的雕刻与底部及顶部有鲜明的对比，雕刻非常生动复杂，人物和动物都惟妙惟肖。斜撑中部的装饰母题可分为两类：第一类是神庙供奉的主神的形象，包括主神本身及其化身。在斜撑上经常可见湿婆及其化身、湿婆及其妻子帕尔瓦蒂、毗湿奴及其化身等。第二类是神庙的守护神兽。

印度教神庙檐口斜撑最常见的女性形象是印度教中的八位母亲神，信徒们将母亲神奉为他们的守护神。这些母亲神形象各异，穿着服饰和佩戴首饰都不相同（图4-60），为多手臂并骑在其坐骑上。比如库玛丽女神骑孔雀、大因陀罗神母（Indrayani）女神骑大象、查蒙达（Chamunda）女神骑魔鬼、瓦拉希（Varahi）女神骑水牛、拉克希米女神骑狮子等。面部朝前的神像通常有多手臂，手中持有各种象征物。可以通过象征物分辨不同的神，例如手持三叉戟的是湿婆，手持海螺的是毗湿奴。仔细观察可以发现，神像身体后面的手臂是后期接合上去的，前面的雕像是一个完整的木头雕刻的。

图4-60　神庙斜撑女神姿态

在印度教神庙，常常"性力派"的檐部斜撑雕刻。这些是印度教"性力派"雕刻，在印度教信徒心中，这是非常正常的事情。印度教信徒信仰"性力派"，即相信阴阳交合的力量，因此经常可见信徒供奉林伽和尤尼。斜撑上常出现成对的神，如湿婆与帕尔瓦蒂、毗湿奴与拉克希米、因陀罗和因陀亚米等。还有一些斜撑表现性爱场景，出现两个人、三个人、人和植物等不同场景（图4-61）。这些带有

图4-61　廓尔喀皇家招待所斜撑雕刻

性爱场景的斜撑通常是湿婆神庙，绝不会出现在佛教神庙。廓尔喀杜巴广场皇家招待所的檐柱斜撑性爱雕刻非常丰富，从立面上看可以分为三个部分。上部雕刻树叶图案，中间雕刻女神，下部是表现性爱场景的雕刻。情色场景占整个立面的五分之一左右。这些情色雕刻大多出现在 17 世纪左右。

檐角斜撑有最有趣的雕刻形象，不管神庙供奉的主神是谁，神庙檐角雕刻的形象都是一样的。檐角以怪兽格里芬（Leogryphs）的形象存在（图 4-62），因为这个怪兽有不愿移动的性格，以此来象征神庙的稳定。檐角斜撑承受的屋顶重量大于其他部位，所以许多神庙的檐角斜撑比其他部位的斜撑都要宽大。怪兽格里芬四肢张开，张开血盆大口，呈扑倒形象。据说这种恐怖形象可以吓走任何试图危害神庙的邪神。在格里芬的下部还有一只小怪兽，面目狰狞，托着格里芬的腿。

7. 屋顶

神庙的屋顶最具尼泊尔建筑特色，充分结合了当地的气候条件与施工技艺，展现了宗教象征意义。神庙屋顶结构使用的木材全部是沙椤木，这是尼泊尔最坚硬的木材。

神庙屋顶呈锥体状，由屋顶中心向四面发散布置木椽。木椽与四周梁相交并向外延伸形成檐口出挑（图 4-63）。木椽上用木板紧密排列在一起，木板上面再用厚 50 厘米左右的泥土覆盖，泥土黏结后具有一定的防水功效。泥土层上面整齐

图 4-62　檐角斜撑格里芬形象

侧立面　　　　　　正立面

铺设煅烧过的陶瓦。陶瓦剖面呈"S"形，上方一片陶瓦底部咬合住下方一片陶瓦的顶部，这样层层叠加，紧密结合。不同的神庙屋面陶瓦都有区别，常见的陶瓦尺寸在15—25厘米之间。在神庙四条屋脊处，用弧形瓦竖向整齐排列，压住两个方向的瓦片端部，这种做法和中国南方的传统建筑瓦作类似。屋顶四个边的瓦片稍微出挑出屋面，使雨水不会流淌到檐部的木质额枋。有些神庙的屋顶用的不是瓦片，而是采

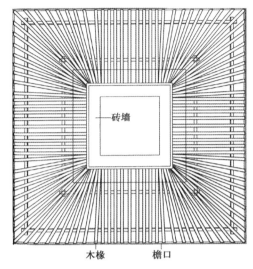

图 4-63　神庙木椽分布图

用更加轻盈平滑的金属板。金属板屋面有一排排与屋顶斜坡平行的肋条，两个肋条之间相隔0.5米左右。肋条作用的是连接两块金属板，同时引导雨水流淌方向。肋条的端部通常都雕刻神的面部，头戴王冠，两眼瞪着，好像在威吓妖魔鬼怪（图4-64）。金属板覆盖的屋顶的宝顶处都是镀金的或者纯金的，这是因为信徒认为金色是最神圣的颜色。

　　经常可见神庙檐部有一圈红色的布条围绕，这些布条叫"齐齐马拉"

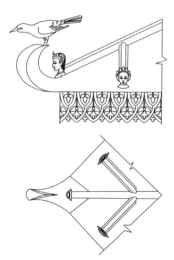

图 4-64　金属屋顶檐部及角部形象

（Kikimala），意思是"铃铛的花环"，因为这些布条后面有时会有小铃铛。这些红色布条上画着各种主题的花卉图案，有时绘有神像的图案（图4-65）。这些布条起到防止雨水落到檐部额枋，保护额枋和木椽的作用。同时，红色的布与屋顶的颜色一致，在微风中，红布轻轻摆动，增加了神庙的亲和力[1]。

图 4-65　齐齐马拉图案形象

神庙屋顶檐角都向上微微上翘，在形式上和中国亭台的发戗相似，但是构造手法完全不同。神庙屋顶檐角上翘是通过金属板弯曲形成的，这样做没有实际的结构功能，只是为了使神庙的屋顶轮廓更加优美。神庙屋顶由瓦片铺设，檐部出挑深远，所以整体具有很强的压迫感，通过微微上翘的檐角，可以使屋顶具有上升的感觉，这和中国屋顶反曲达到的效果相似。

屋顶的装饰最常见的是金属鸟。金属鸟站在屋脊上翘的檐角上，有时每一层的屋脊檐角都有。这些金属鸟微张嘴巴，半张翅膀，似乎要飞起来，有时鸟的嘴里叼着一些吊饰。有人说这些鸟的功能是驱赶真鸟，不让真鸟在屋顶打扰神。也有人说这些鸟是神的意愿传递者，它们微张嘴巴是在向信徒传递神的思想。还有人说鸟儿张开嘴巴是恫吓那些邪神鬼怪，保护神庙的安全。

神庙屋顶的檐部常常悬挂一圈铜铃铛，铃铛长只有 20 厘米左右，每隔 0.5 米悬挂一只。每当有风吹过，铃铛就发出清脆的声音。这些铃铛给原本庄严沉重的屋顶增加了一丝活力，使神庙看上去更加精致美观，当地人更认为这些铃铛可以

1　张曦. 尼泊尔古建筑艺术初探 [J]. 南亚研究，1991（12）.

驱赶鸟儿。

许多等级较高的神庙有从屋顶宝顶处下垂的
长带，长带越过檐口，一直垂落到一层檐口处（图
4-66）。垂带在尼泊尔语中称为"帕塔卡"，被
认为是神通向人间的通道。有的神庙有三四根并
列的垂带垂落下来，有些神庙则没有垂带。垂带
由金属做成，采用最多的是金属铜，等级较高、
非常宏大的神庙会使用金质或者银质的垂带。垂
带由多块金属板拼凑而成，下面端部是一个放大
的金属板，形状各异（图4-67）。垂带上的装饰
图案多为花纹，端部的金属板雕刻神像，表现神
庙供奉的主神。

图 4-66　神庙垂带

图 4-67　神庙垂带图案

8. 宝顶

宝顶是印度教神庙极具象征意义的构件，是神庙的最高点，人们站在远处就可以看见金光闪闪的神庙宝顶（图 4-68）。宝顶的大小由神庙的等级、大小、形制和供奉的神祇决定。高等级神庙的宝顶都非常大，表面镀金或者镀铜。绝大多数神庙只有一个宝顶，少数神庙有多个宝顶。昌古纳拉扬神庙有 5 个宝顶，吉尔蒂布尔（Kirtipur）的老虎拜拉弗神庙（Bagh Bhairab）有 18 个宝顶。

图 4-68　神庙宝顶形象

宝顶从上至下由伞盖、宝珠、宝瓶、仰莲、覆钟、垂带、基座组成（图 4-69），有的神庙宝顶没有垂带和基座。伞盖通常是金属的，用于保护宝顶。宝珠是宝顶最顶端的装饰部件，是象征神圣的珠宝。宝瓶呈碗状，象征生命本体和创造的元素。仰莲是莲花瓣状的圆形台面，作为宝瓶的基座。覆钟是宝顶体量最大的部分，安置在圆形台面上，形状与中国传统的钟相似。

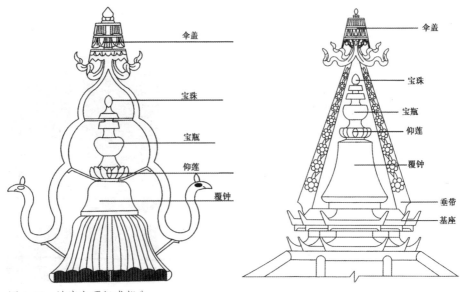

图 4-69　神庙宝顶组成部分

第五节　佛教建筑实例

佛教在公元前 250 年左右由笃信佛教的印度阿育王推广至尼泊尔，后来随着印度教的兴起而受到打压衰落。佛教和印度教一直相互排斥又有所融合，形成了尼泊尔现在独特的宗教现象。佛教在尼泊尔是第二大宗教，虽然信徒人数只占总人口的 8% 左右，但是大多数尼泊尔印度教信徒认为他们也信奉佛教，因此经常可以在印度教神庙看到佛像，也可以在佛教寺庙看到印度教主神。普通游客很难立即分辨印度教神庙与佛教寺庙，必须仔细观察供奉的是佛像还是印度教神像才能区分。由此可见，在尼泊尔佛教与印度教的融合度非常高。

尼泊尔的佛教建筑主要集中在加德满都谷地、佛祖诞生地蓝毗尼和北部木斯塘山区。北部木斯塘山区平均海拔 2 500 米以上，地势险要，交通非常不便，出行主要靠步行。加德满都谷地和蓝毗尼的佛教建筑保存较为完好，独具尼泊尔宗教建筑特色。

1. 斯瓦扬布纳特

斯瓦扬布纳特寺又称"猴庙"，因满山猴子与寺庙共处一地而闻名。这里已经被联合国教科文组织列入《世界文化遗产名录》。猴庙位于加德满都市西北部可以俯瞰整座城市的山顶上，是一座让人着迷又略显凌乱的印度教和佛教并存的寺庙。

整座寺庙围绕着一座白色覆钵体金色塔刹的窣堵坡而建造。镀金的塔顶四面都绘有佛眼，这些眼睛在加德满都谷地随处可见，几乎每一座佛教寺庙都有佛眼。游览猴庙是一种让人兴奋的体验，古老的雕刻占据了寺庙每一寸空间，空气中飘荡着檀香和酥油灯燃烧时所特有的香味，每天早晚都会有信徒拨动转经筒围绕着佛塔转经，山顶更是观赏日出日落的绝佳之处。

传说加德满都谷地曾经是一个大湖，最新的地质研究报告给这个传说提供了证据。猴庙占据的小山是从湖中慢慢升起的，因此得名"斯瓦扬布"，尼泊尔语的意思是"自然升起"。据说孔雀王朝的阿育王曾于 2 000 年前到访此地，但是有记载的最早的人类活动开始于460年。14世纪，来自孟加拉的莫卧儿人入侵此地，强行打开佛塔掠寻黄金。此后的几个世纪，人们对这里进行修复和进一步的扩建，形成现在的规模和形态（图 4-70）。

有两条路可以通往猴庙，最有氛围的是朝圣者所走的石阶路，这条道路由普拉塔普·马拉国王于17世纪修建，顺着山的东边一直延伸到山顶寺中。现在这条平缓的石质台阶路被大批的恒河猴占据。另一条路是从山脚下众多色彩明快的佛塔处拾阶而上，途中经过许多历史悠久的舍利塔和浮雕，其中一幅浮雕展现了佛祖诞生

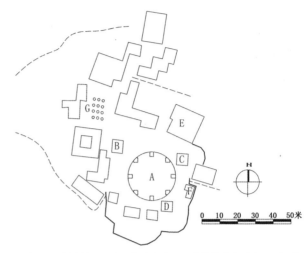

A. 斯瓦扬布纳特 B. 哈里蒂女神庙 C. 普拉塔普尔神庙 D. 阿难陀普尔神庙 E. 藏传佛教古巴姆 F. 金刚杵 G. 支提群
图 4-70　斯瓦扬布纳特平面简图

时他的母亲摩耶夫人（Mayadevi）手抓一根树枝的场景。石阶路最后一段阶梯处，有许多成对的动物雕刻，包括迦楼罗、雄狮、大象、马、孔雀，这些动物都是禅定佛的坐骑。

东边台阶路的最高处有一个巨大的镀黄铜的霹雳符（Dorje），这个符号在梵文中称为被"Vajra"，是藏传佛教的典型符号，也是消除愚昧、获得顿悟的符号，附后可以永不毁灭。密宗认为霹雳是男性力量的象征，而钟是女性能力的代表。佛塔底座周围是藏历生肖的图案。佛塔周围有一座印度教神庙（图4-71），由普拉塔普·马拉国王于17世纪修建。

猴庙佛塔是加德满都谷地最瑰丽的珍宝之一。佛塔镀金塔尖和白色塔身浑然天成。塔尖上，四面佛眼注视着谷地的各个方向，锐利的双眼下是一个鼻子形状的符号，其实是尼泊尔的数字"1"，这个数字象征着和谐。双眼上方绘画有第三只眼睛，象征着佛能洞悉一切。整座佛塔具有强烈

图 4-71　哈里蒂女神庙

的象征意义，白色圆顶代表地球，塔顶的 13 层蜂窝状结构象征着人类通向涅槃所必须经过的 13 个阶段（图 4–72）。

塔基周围是一圈转经筒，转经筒上刻着藏传佛教的六字大明咒"嗡嘛呢叭咪吽"（一切诸佛菩萨的慈悲和加持），朝拜者围着佛塔顺时针行走，同时转动经筒。一排排五色经幡在上空随风飘扬，经幡上印着类似的咒语，据说风可以将祈福带到天上去。华丽的基座上有禅定佛的佛像，分别是毗卢遮那佛（Vairocana）、宝生如来佛（Ratnasambhava）、阿弥陀佛（Amitabha）、不空成就佛（Amoghasiddhi）和不动如来佛（Aksobhya）以及他们的配偶神像。五尊佛像代表了佛的五种智慧（图 4–73）。

大佛塔的周边可谓宗教古迹雕刻艺术的宝库。在佛塔之后，小小的灯光昏暗的佛像雕像博物馆的旁边是一座噶举派（Karmah）寺庙，沿着一条小砖石路便可到达。游客脱鞋才可进入室内参观壁画，壁画保存得完好，描绘生动，人物表情丰富。朝圣者避雨处的北侧是一座宝塔风格的天花女神神庙，神庙内供奉一尊动人的天花女神神像，这位印度教女神掌管着生育大权。这里体现了印度教和佛教在尼泊尔的完美融合。

在神庙旁边的几根圆柱上，雕刻着度母的坐像，其手掌向上，代表着对世人的悲悯。度母分为绿度母（Bodhisattva Tara）和白度母（White Tara），分别代表

图 4-72 塔刹

图 4-73 覆钵体四周佛龛

尊崇佛教的藏王松赞干布的中国妻子文成公主和尼泊尔妻子墀尊公主。两尊度母同时也是两位禅定佛的配偶女神。在由恒河女神和朱木拿河女神守卫的铁笼中有一簇永不熄灭的火焰。女神铜像西北侧是一组古代舍利塔林，这组舍利塔背后是一尊雕刻于7世纪的燃灯佛的黑色塑像，燃灯古佛是乔达摩·悉达多得道之前就已经顿悟的"过去佛"。庭院北侧一个黑色的舍利塔不同寻常，因为它是建在尤尼标志之上，充分体现了印度教和佛教象征符号的融合。在猴庙的东北角，有一座佛寺，寺庙供奉一尊6米高的释迦牟尼佛像，每天下午4点左右这里都进行宗教祈祷活动。

2. 博德纳特窣堵坡

博德纳特窣堵坡（Bodhnath Stupa）位于加德满都以东6公里处，是亚洲最大的窣堵坡。每天有成千上万的信徒聚集于此，在正中间金色塔刹上佛眼的注视下，围绕着巨大的塔基转经。这里聚集了众多佛教僧人，身穿栗色长袍的藏族喇嘛穿梭于经幡与街道中间，朝圣者一边念经祈福一边购买最好的酥油。这里是世界上为数不多的能近距离接触藏传佛教文化的地方。佛塔四周的道路上布满了生产酥油灯、法号、木鱼和其他藏传佛教物品的作坊。

博德纳特窣堵坡所处的位置非常特殊，位于商贸通道上，历史中这座窣堵坡是加德满都和拉萨之间商业通道的重要物资补给站。商人们在骑着牦牛进入喜马拉雅山之前在此地祈求神灵保佑一路平安。现在博德纳特村庄中的绝大多数居民是西藏流民，同时许多夏尔巴人也移居此地。

博德纳特第一座窣堵坡修建于藏王松赞干布皈依佛教之后，是藏传佛教对尼泊尔宗教影响的体现。据说藏王修建此窣堵坡是为无意杀死自己的父亲而赎罪。博德纳特梵文的意思是"正觉之地"，因此窣堵坡也被称为"觉如来塔"，尼泊尔当地人用更亲切的名称"露珠塔"称呼它。相传建造此塔时，尼泊尔干旱无雨，而此塔建造所用的水由建造者采集而来。不幸的是第一座窣堵坡在14世纪穆斯林教徒入侵之后被毁坏，现在的窣堵坡是在后来修建的（图4-74）。16世纪，西藏宁玛派佛教僧人修复了此塔，19世纪中叶至20世纪中叶，此塔由西藏喇嘛管理。在藏族传说中，博德纳特窣堵坡和文殊菩萨有着密切的关系。文殊菩萨曾经变成一位贫困的妇女，带着四个儿子，经过多年的辛勤劳作，终于建成了窣堵坡。

佛塔高36米，周长100米左右，外形优美且线条简洁，尼泊尔没有能够与此塔相媲美的窣堵坡。这座窣堵坡显得完美匀称，具有极强的宗教象征性，是佛顿悟的立体象征物。窣堵坡的底座代表"土"，圆顶代表"水"，四方塔代表"火"，塔尖代表"风"，华盖代表"宇宙"，13 层的塔尖则代表人类通往涅槃的 13 个阶段。建造窣堵坡的目的是安放佛舍利，有人认为此佛塔安放着迦叶佛（Kasyapa）的舍利，也有人认为佛塔安放着佛祖的舍利。佛塔基座一圈是 108 尊阿弥陀佛像和 147 个壁龛，每个壁龛中镶嵌 4 至 5 个转经筒。在西藏文化当中，108 是一个吉祥数字。基座下面还有一个三层白色石台阶，每一层台阶都是有 12 个 90 度折角的方形平台，12 个角上各建数米高的小佛塔。平台通往塔基的入口处有一对大象守护（图 4-75）。

　　博德纳特窣堵坡和斯瓦扬布纳特窣堵坡的建筑形式相似，半球形的塔基上方是正方形的佛邸，上面是 13 层塔尖、伞盖和宝顶，规模较斯瓦扬布纳特窣堵坡宏大。博德纳特窣堵坡可以登临远眺，沿着一条直达塔腹的小径可以登塔祭祀。和斯瓦扬布纳特窣堵坡的佛眼不同，博德纳特窣堵坡的佛眼由红色、蓝色、白色构成。博德纳特窣堵坡和斯瓦扬布纳特窣堵坡在建筑形态上最大的区别是白色的半球形基座上竖立的是金色锥体尖塔，而不是斯瓦扬布纳特窣堵坡那样的圆形。

　　博德纳特窣堵坡与西藏有着非常紧密的联系，佛塔周边区域被称为"小西藏"。博德纳特村和拉萨的八廓街风格相似，都是围绕着大佛塔发展而成的圆形城镇，以大佛塔为中心，向外辐射出一条条街巷。街巷中居住着信仰佛教的藏人、夏尔巴人、塔芒人等。佛塔周围有许多小型藏传佛教寺庙，其中最为著名的当属雪谦·滇尼·达吉林（Shechen Tennyi Dargyeling）寺。这是一座仿照西藏康巴已被摧毁的苏庆（雪谦）寺，寺庙内精美的雕刻出自不丹工匠之手。

图 4-74　博德纳特窣堵坡

图 4-75　博德纳特窣堵坡形体

第六节　佛教建筑类型与形制

虽然作为尼泊尔第二大宗教的佛教，信徒总数只占全国人口的8%，但是正如前文所述，尼泊尔的佛教和印度教是相互融合的，印度教教徒同样也是信仰佛教的。在加德满都谷地有数百座佛教建筑物，但是它们往往很难被轻易发现。与典型的印度教神庙相比，佛教的寺庙常以四面围合的两层精舍的形式存在。依据使用功能的区别可以将它们分为巴希尔（Bahil）、巴哈尔（Bahal）和巴希尔—哈尔共同体三种。此外，还有一种形式较为明显的建筑形制是窣堵坡（Stupa）。

1. 巴希尔

巴希尔的使用功能和印度教神庙非常相似，是用于供奉佛像而建立在高于道路水平面的两层围合式建筑。巴希尔的中间是一个正方形的下沉庭院室内和室外是通过数步台阶连接。下文以谷地一座巴希尔为例进行分析。

毗图（Pintu）的梵文名称是"革毗罕达"，位于帕坦城内。据说毗图巴希尔最早修建于12世纪，现存的建筑主要修建于16世纪。17世纪时，精舍进行了较大规模的修缮和加建。

毗图巴提一层（图4-76）只有一个出入口，立面没有任何其他门窗，全部封闭。柱廊向内部开敞，门窗也朝向内庭院，建筑一层只能通过朝向内庭院的门窗采光。从主入口通过数步台阶进入建筑，正对着隔着庭院的神龛。神龛中供奉着释迦牟尼佛的雕像。神龛是用砖砌筑成的三面封闭空间。围绕着神龛，两片砖墙并列在神龛的左右两侧，形成了一个转经空间。门厅是通过木板间隔形成的开放空间，空间较狭长，营造出强烈的进深感。建筑只有一部楼梯通往二层，位于建筑的左下角。楼梯是木制的，非常狭小和陡峭。毗图巴希尔建筑的每面都有11开间柱网，中间空出6开间柱网的庭院，并形成内檐廊。神龛前面的台阶，从庭院内通向神龛。台

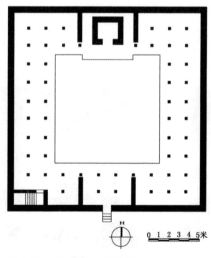

图4-76　巴希尔一层平面

阶两侧由两尊神把守，门的左侧是摩诃克（Mahankal），右侧是象头神甘尼沙。

毗图巴希尔的二层每面墙体都开对称式的开窗（图4-77）。建筑的正面居中是排窗，有三个柱网宽度，略微向外悬挑，为一层入口形成雨篷。排窗的两侧各有两扇小窗户，宽度约半个柱网。建筑背面的开窗和正面相似，只是将正面的排窗以实墙取代。两侧墙体中轴对称布置了5扇窗户，窗户大小略小于正面的。一层神龛的正上方是一个暗房，平时不允许人进入，其目的是不让人在此地走动，以免打扰下方的佛休息。

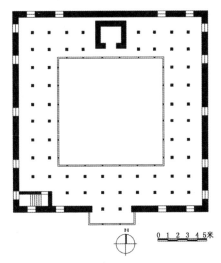

图 4-77 巴希尔二层平面

巴希尔的屋顶非常宽大，但是下面的空间很难利用，因为屋顶空间要安放宝顶。和印度教神庙相比，佛教巴希尔显得非常朴素，建筑没有像印度教神庙那样高耸，里面通常是对称的，墙体和木窗的雕刻也没有印度教神庙精细繁复，功能空间组合方式简单（图4-78）。

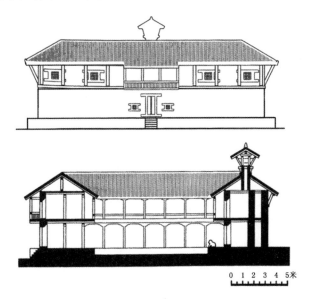

图 4-78 巴希尔立面、剖面

2. 巴哈尔

巴哈尔是僧侣修行和传经的地方，相当于僧侣的学校和住宅。和巴希尔相似，巴哈尔也是围绕着庭院修建的两层建筑，人们可以站在二楼俯瞰整个内庭院，不同的是巴哈尔没有设置专门供奉佛像的神龛。随着时间的推移，许多巴哈尔都经过改建和扩建。下文以加德满都谷地保持较为完整的查郝斯亚（Chhusya）巴哈尔为例进行分析。

查郝斯亚巴哈尔于 1649 年 3 月 14 日开始修建，就在同一天，哈里哈拉佛像被供奉在寺庙的神堂上，捐赠者是一位富人和他的两位妻子。查郝斯亚尼泊尔语的意思是"太阳晒干的谷物"。1667 年，普拉塔普·马拉国王受捐赠者的邀请，为这座建成的巴哈尔揭幕。

这座巴哈尔建在一个低矮的台基上，建筑中间也是下沉式的庭院，一圈略高于庭院的狭长走廊将整座巴哈尔的各种功能的房间串联起来，围绕在庭院的四周。

建筑一层位于中轴线上的入口厅堂，开口朝向庭院。在厅堂的左右两侧分别放置了两排长凳，供信徒休息用。长凳后面的墙体局部内凹形成两个壁龛，分别供奉着摩诃克和象头神甘尼沙（图 4-79）。

建筑一层另一端正对着厅堂的是神堂，神堂不设窗户。

建筑一层另外八间没有窗户的房间只有一扇门可以进入，建筑四角的房间各有一个楼梯通往二层。

建筑四角的楼梯通往二层，将二层 12 个房间均分为四个组合，每部楼梯通往一个组合，各个组合之间相互独立，保证每个组合的私密性。位于入口厅堂上方的房间，有一个朝向庭院的凸窗。二层每一面墙有五扇窗户，窗户整体呈中轴线对称布置，每个房间也都有朝向内庭院的窗户（图 4-80）。

巴哈尔的屋顶空间也很难利用，屋顶同样要安放宝顶。整座建筑通过中间厅堂和神堂以及立面上的门窗达到对称的效果。建筑外立面居中采用 5 连凸窗，朝内庭院居中采用 3 连凸窗。建筑一层外墙除了入口处一扇门以外，没有与外界联系的窗户，入口两侧有两扇雕刻精美的装饰性盲窗。建筑二层除了神堂上方的房间外墙没有窗户外，其他窗户都居于房间中间布置。凸窗和立面居中的窗户都是巴哈尔独特的建筑形式（图 4-81）。建筑外墙抹灰，内墙泥灰抹面后刷成白色。建筑入口和神堂门都有门头装饰，以此突出建筑。

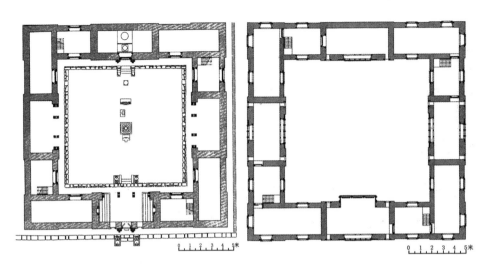

图 4-79　查郝斯亚巴哈尔一层平面　　　图 4-80　查郝斯亚巴哈尔二层平面

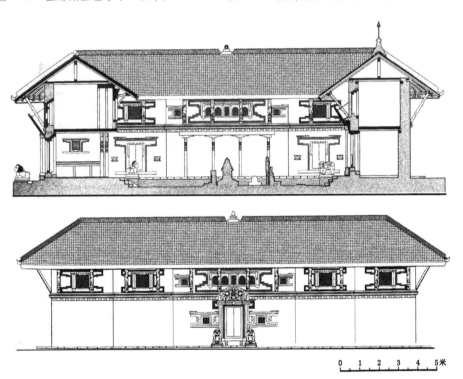

图 4-81　查郝斯亚巴哈尔剖面、立面

3. 巴希尔—巴哈尔

　　加德满都谷地还有一种佛教寺庙建筑结合巴希尔和巴哈尔两种形式，笔者称之为巴希尔—巴哈尔式。这种佛教寺庙具有独特的建筑形式，通常是一座围绕着一个正方形的庭院建造而成的三层建筑，比巴希尔或者巴哈尔高一层。建筑的一层和二层平面与巴哈尔非常相似，三层和巴希尔的二层一样，充分结合了巴希尔和巴哈尔两种建筑形式，不用牺牲任何一种建筑的重要风格。以下以加德满都谷地保持最完好的纳德哈·卡查（Nauddha Kacha）精舍为例进行分析。

　　这座精舍修建于 1640 年，位于帕坦城内，是由当地一位虔诚的佛教徒出资修建的。这位捐助者的父亲还捐建帕坦大觉寺，由此可见当时帕坦的佛教徒非常虔诚。

　　精舍修建在一座高台基上，和其他巴哈尔一样，中间围合一个下沉庭院。建筑三面围合，第四面朝向街道，立面比较独特。因为朝向北侧的神堂位于建筑中轴线位置，因此将狭窄的门廊设置在建筑的一侧。

　　建筑一层的所有房间都可以通过庭院进入，房间并不是对称布置的。主要的神堂坐西朝东，正对庭院中的雕像，次一级的神堂坐南朝北，剩下位于每面中心位置的房间都是开敞的。一层有四部楼梯通往二层（图4-82）。

　　建筑二层的房间分为四组，神堂上方的房间为暗室，这种形制和巴希尔相同，

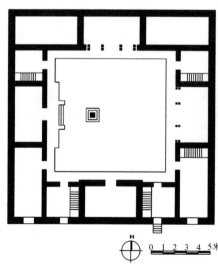

图 4-82　纳德哈·卡查精舍一层平面

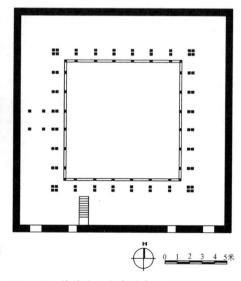

图 4-83　纳德哈·卡查精舍二层平面

其他房间都有朝外的窗户供采光。建筑二层只有一部楼梯通往三层，也与巴提相同（图4-83）。

建筑三层为一个带有柱廊的大厅。在二层暗室的上方是由四根柱子支撑起来的宝瓶。开放的平面朝向庭院有一个连续挑出的平台。坡屋顶下面的空间同样不能利用（图4-84）。

巴希尔和巴哈尔作为佛教建筑的主要形式，其特征比较如表4-1所示。

表4-1　巴希尔和巴哈尔特征对比

巴希尔（Bahil）	巴哈尔（Bahal）
建筑入口没有神兽守护	建筑入口有神兽守护
建筑的台基与室外地面的高差较大	建筑的台基与室外地面的高差较小
建筑入口大门上没有门头	建筑入口大门上有门头
庭院开敞，无神像雕塑	庭院轴线上设置神像雕塑
建筑一层中轴线位置有专门供奉佛像的神堂，并设有转经通道	建筑没有专门供奉神像的神堂
由隔墙形成狭小的入口空间，有可能是后期加建的	有明确的入口门厅空间
二层整体向庭院出挑形成阳台	二层局部有凸窗朝向庭院
只有一部楼梯位于建筑角部通往二层	有四部楼梯位于建筑四角通往二层
建筑内没有明确房间划分，空间通透	建筑内房间划分明确

4. 窣堵坡

窣堵坡起源于印度，一开始是半球形的实心土坟，内部供奉佛祖和圣僧的遗骨、经文和法物等。后传入尼泊尔，成为尼泊尔非常重要的一种佛教建筑形式，充分体现了尼泊尔佛教建筑的独特风格。有人认为，窣堵坡半球形的形式可能起源于民间的土坟，也有人认为可能起源于印度北方木骨泥墙锥体住宅屋顶的形式，还有人认为窣堵坡是古代印度人宇宙观的体现，半球形覆钵体象征山丘，下部象征承托佛塔的海面，贯穿其中的内柱代表宇宙的轴心（图4-85）。窣堵坡本身因地域和文化的差别呈现出不同的样式。

在加德满都谷地，随处可见大大小小的窣堵坡，最为闻名的当属博德纳特窣堵坡和斯瓦扬布纳特窣堵坡。据说斯瓦扬布纳特窣堵坡是历史最悠久的，在谷地形成之初就已建立。根据帕坦博物馆的资料，现在的斯瓦扬布纳特窣堵坡造型在16世纪才最终形成。经过不断发展，尼泊尔窣堵坡形成自身特色。从立面上看，窣堵坡分为塔基、覆钵体和塔刹三个部分（图4-86）。

塔基是窣堵坡的基础，通常呈台阶状，也有呈一整块平台状，后者的实例如斯瓦扬布纳特窣堵坡。塔基的材料分为石材和砖两种，等级较高的窣堵坡塔基采用石材，普通小窣堵坡塔基多采用砖砌筑。斯瓦扬布纳特窣堵坡的塔基就采用石

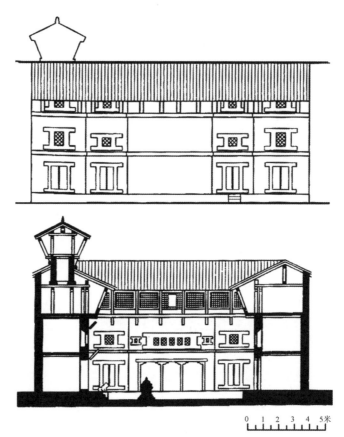

图 4-84 纳德哈·卡查精舍立面、剖面

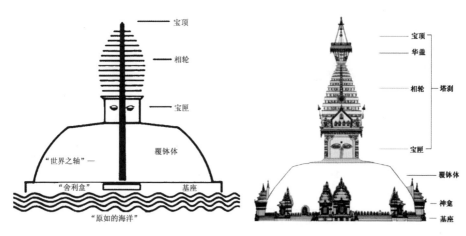

图 4-85 窣堵坡象征意义　　　　图 4-86 窣堵坡立面构成

材，表面再用砂石粉刷找平，最后涂刷成白色。塔基周围一圈常常设有佛龛，供奉各类佛像。斯瓦扬布纳特设置了8个佛龛，供奉着4位佛和他们的明妃（图4-87）。塔基常设转经筒，也有将转金筒设置在塔基外围一圈的，信徒可沿着圆形的塔基转经。

覆钵体是窣堵坡体积最大、最为突显的部分，游客和信徒从很远处就能看见硕大的覆钵体。覆钵体近似半球形，顶部是一个平整的面，用于安放宝匣。早期的覆钵体用土堆积而成，表面布满杂草，看似土坟。帕坦城外的四座阿育王时期的窣堵坡就是典型的土丘，现在加德满都谷地的小窣堵坡也常常是土丘。发展成熟的窣堵坡覆钵体常在外表面覆盖一层砖石，再用砂石粉刷找平，最后涂刷白色涂料，使得窣堵坡浑厚庄重[1]。斯瓦扬布窣堵坡建成之初用土堆叠而成，到16世纪才最终形成现在的模样。

覆钵体上方整体称为塔刹，包含4个小部分：宝匣、相轮、华盖、宝顶。其中最具尼泊尔特色的就是宝匣。

① 宝匣是从早期印度窣堵坡演化而来用于放置舍利、佛经等圣物的箱子。宝匣最引人注目的是四个面的慧眼，又称佛眼。两只佛眼象征着太阳和月亮，并被佛教信徒认为是佛陀俯瞰尼泊尔众生的永恒之眼，注视着苍生。在两只眼睛之间有一个红色圆点，这是佛陀的第三只眼睛，是和平的象征。眼睛下面有一个形状如同问号的图样，有人认为这是佛陀的鼻子，但其实是尼泊尔语中数字"1"的意思，象征佛陀永恒的智慧光芒。每一座窣堵坡宝匣和上面的四双眼睛。四个面都有佛眼象征着佛眼无处不在，象征着佛对凡人全方位的审视。

② 相轮是宝匣上面形状如锥体的构件。相轮为13层，逐步向上缩小，俗称"13天"。"13天"象征着佛达到净化必须经历的"13个阶段"。

③ 华盖位于相轮之上，象征着"13天"苦难的结束，达到了涅槃，这是人一生所追求的最高境界。华盖上通常系着许多色彩斑斓的经幡，经幡在风中摇曳，给人以纯净崇高的感觉。

④ 宝顶呈尖顶状，象征着密教无边的法力。宝顶常常是铜质镀金，如同皇冠，远看闪闪发光。

1　吴庆洲. 佛塔的源流及中国塔刹形制研究 [J]. 华中建筑，1999（12）.

小结

尼泊尔最吸引人的就是美轮美奂的宗教建筑，每一位到尼泊尔的旅人都会为那充满地域特色的宗教建筑驻足。在尼泊尔，最辉煌的建筑不是宫殿、花园等王室建筑，而是取悦神灵的印度教神庙和佛教寺庙，即使是加德满都谷地三座杜巴广场的宫殿建筑也是依托宗教建筑建造的。走在加德满都谷地的大街小巷，随处可见大大小小的印度教神庙和宗教构筑物，几乎每位尼泊尔人都信奉宗教。

马拉王朝分裂时期是尼泊尔宗教建筑高速发展时期，当时加德满都谷地的三位国王互相攀比，修建了众多印度教神庙，为后世留下了众多世界文化遗产。帕斯帕提纳神庙、昌古纳拉扬神庙、尼亚塔波拉神庙、库玛丽神庙等印度教神庙至今保存完好。斯瓦扬布纳特和博德纳特窣堵坡是尼泊尔著名的佛教圣地，现在每天都有许多佛教徒前来朝圣。

尼泊尔印度教神庙主要分为两种，一种是从印度传入的锡克哈拉式，另一种是尼泊尔特有的尼瓦尔塔式。锡克哈拉式神庙多采用石材砌筑而成，雕刻精美繁复，体型庞大。尼瓦尔塔式神庙是尼泊尔数量最多最普遍的印度教神庙，使用当地材料建造，多以重檐坡屋顶的形式出现。尼瓦尔塔式神庙的基座、檐柱、门窗、檐部斜撑和屋顶都极具特色，尤其是雕刻有花卉和宗教图案的檐柱、门窗、檐部斜撑。

尼泊尔佛教建筑有巴希尔、巴哈尔、巴希尔—巴哈尔、窣堵坡四类。前三类是以房屋的形式存在，窣堵坡以构筑物的形式存在。另外，尼泊尔还有几根阿育王柱，这些阿育王柱距今已有1 700多年的历史，虽然在伊斯兰教入侵时遭到不同程度破坏，但是现在仍为人们展示着古尼泊尔的文化和雕刻。

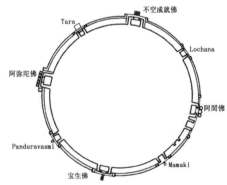

图4-87　斯瓦扬布纳特佛龛分布图

第五章　民居建筑

民居是人类最早创造的建筑形式，是各地区人们对自然环境理解的直接反映。尼泊尔由北至南三大区域的民居各不相同，同一区域不同文化影响下的民居也千差万别。北部喜马拉雅山区的民居建造在高山上，此地天寒地冻，房屋的墙体厚重，具有很好的保温隔热性能。中部山区的民居依山而建，采用红砖、毛石和木材等当地材料，以泥土作为黏结剂，房屋采用坡屋顶，可以保证在连续4—5个月的雨季中能平安度过。南部德赖平原地区的民居和中部山区以及北部喜马拉雅山区民居差别很大，这一地区的民居采用木材、稻草、泥土建造，形式和中国传统的木骨泥墙建筑非常相似。此类民居的建筑层高非常低，空间狭小。下文重点介绍加德满都谷地民居，分析谷地民居的建筑形态、材料及其形成原因。

第一节 概况

加德满都谷地的传统民居建筑可以分为城市型民居和乡村型民居，被学者统称为尼瓦尔式民居建筑。加德满都谷地一直是尼泊尔政治、经济和文化中心，因此谷地的传统民居无论是建造材料、建造形式还是施工技术都是尼泊尔民居建造水平的最高代表，反映了加德满都谷地雄厚的经济实力和繁荣的社会文化。

尽管尼泊尔已经进入现代社会，但是尼泊尔人传统的生活方式一直延续至今，住宅的建造材料和建造方式也完整地保留下来。在加德满都谷地三座最重要的城市中遍布着具有上百年历史的传统民居建筑。老城区内的传统建筑更是鳞次栉比，彼此之间紧密相邻。

加德满都谷地因占据了西藏与印度之间贸易通道的有利位置，在13—18世纪进入了高速发展时期。期间大量谷地外移民迁入谷地，城市不断扩张，民居大量新建。当时，无论是加德满都、帕坦、巴德岗这三座谷地中的大城市，还是坎提普尔（Kantipur）和纳加阔特（Nagarkot）等小城镇，城市面积都不断扩大，房屋越来越密集。宗教文化对从城市规划到建筑单体包括民居的建设都有重要影响。加德满都谷地范围内的民居根据所处地理位置不同可以分为两种类型：一种是建造在平坦地面上的民居，另一种是建造在坡地上的民居。平坦处修建的民居都紧紧挨着，之间几乎不留一丝空隙。坡地上修建的民居相距较远，受地形地势影响颇大。

尼泊尔关于民居建筑的记载远没有宫殿建筑和宗教建筑多，几乎找寻不到文字记载。18世纪，意大利神父朱塞佩（Giuseppe）到尼泊尔传教，对当时的谷地民居做描述：房屋由红砖建造，为三层或四层高；房屋层高不高；房屋的木质门窗雕刻精美、排列整齐。这可能是最早的对尼泊尔民居进行描述的文献。

第二节　建筑群空间布局

加德满都谷地独特的地形使得其建筑群具有很强的地域特色，城市平坦地区的民居和山区乡村民居差别很大。下文分别从选址、布局形态和空间结构分析加德满都谷地不同区域的民居建筑群。

1. 选址

（1）城市平地型

加德满都谷地中心区域地势平坦，发展较早，因此谷地上聚落逐步发展成较大的城市——加德满都、帕坦和巴德岗。同时谷地中心区域水系纵横，丰富的水资源促进了人口的迁移和农业发展，大量居民在此耕作。吉尔蒂布尔位于加德满都西南角，与帕坦隔着巴格马蒂河。虽然这里没有加德满都和帕坦繁华，但是，十几年来平坦的地势吸引了众多居民迁居至此，原先的小村庄已经发展成为一座小城镇。地势平坦一方面便于农业耕作，另一方面便于砌筑房屋，极大地降低了建筑成本。

（2）乡村坡地型

加德满都谷地的可建设用地有限，因此许多居民在谷地周边的山间建造房屋。相对于谷地中城市的拥挤不堪，乡村的民居建筑群显得非常松散。居住在山区的居民利用房屋周边的空地进行农业耕种，由于缺水，居民只能种植耐旱农作物。坡地型民居在层数、材料、建造技术等方面都不同于城市平地型民居，一般为2层，使用当地材料建造且建造技术落后。

2. 布局形态

（1）围绕神庙集中式

建于谷地地势平坦地区的民居建筑群一般围绕神庙呈集中式布局。以吉尔蒂布尔为例，主城区呈长方形，神庙位于中心偏东南位置，三圈道路围绕着神庙，

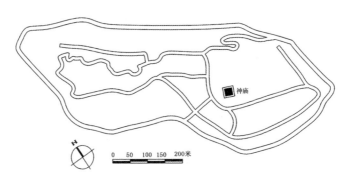

图 5-1 吉尔蒂布尔主城区布局形态

道路两侧是紧密连接的民居建筑群（图 5-1）。形成集中式布局形态的原因有两个：一是印度教是尼泊尔最重要的宗教，其种姓制度决定了人的地位，种姓等级越高的人越靠近神庙居住，离神庙越近越能彰显其身份地位。二是，谷地内平坦地势区域较少，土地资源有限，因此民居必须充分利用空间和土地，紧紧挨着建造，以致相邻建筑之间几乎不留空隙。

（2）沿道路分散式

建于谷地周边山区的民居建筑都沿道路分散布置。在山区丘陵地带，道路是影响房屋建造的最关键因素，居民在选择建造地点时首先考虑建在道路两侧，以保证出行的便利性。以纳加阔特山区村落为例（图 5-2），山间道路依据地形弯曲绵延，民居建造在道路两侧地势平缓地区，受地形影响，民居之间相隔很远，整个村落民居布局分散。

图 5-2 纳加阔特山区村落布局形态

3. 空间结构

（1）连续整体式

加德满都谷地内民居建筑群空间结构呈连续整体式。沿街建筑通常为四层至五层，每层层高相同。相邻两栋建筑紧紧相邻，从街头至街尾所有民居连接在一起，仿佛就是一栋建筑，非常壮观。不同建筑的立面形式略有不同，但整体风格统一。以加德满都泰美尔区（Thamel）为例，这里的沿街民居一层是店铺，楼上用做居住，建筑檐部都用斜撑撑托出挑屋檐。

（2）分散独立式

谷地周边山区村落的民居和城市内民居完全不同，各栋建筑如珍珠般散布在绿色山谷中，彼此独立，通过道路相互连接。每座建筑都依山势而建造，主入口朝向道路。山区地势高低起伏，因此建筑也随地势变化而高低错落，与环境融为一体。

第三节　建筑单体形制

加德满都谷地内各民居建筑非常相似，街道两侧的普通民居，无论新旧，层高都相同。建筑的开窗方式、沿街处理方式、屋顶形式等也极为相似，站在城市高处可见所有传统民居采用坡屋顶。下文分析谷地民居建筑的形制。

1. 平面

尼泊尔人通常以群居形式生活，一个家庭或者一个家族的房屋建造成一个整体，中间围合成一个方形的庭院或者小广场，这种形式的房屋为他们提供了安全保护和隐私空间。通常情况下，四面围合的房屋在建筑一层至少设一个与外面街巷连接的门，但是门的尺寸非常狭小，仅能满足一个人正常通行。印度教信徒的房屋在庭院中通常会设置印度教神像或象征物，以用于每天早晨的朝拜（图5-3）。庭院是房屋的重要组成部分，是尼泊尔人生活活动的重要场所，也是尼泊尔人每天生活行为发生的地方。大人们在庭院中洗衣、打粮食、闲坐交谈，儿童在庭院中嬉戏玩耍。冬季时，庭院更提供给人们晒太阳之地。不仅如此，庭

图 5-3　庭院中的神像

院还是一个开放空间，谷地中许多小镇规定允许他人从自己家的庭院中穿过[1]。

民居设计基本上都采用矩形平面形式，房屋的进深一般在 6 米左右，而房屋的面宽由基地的大小和可用材料的长度决定。面阔范围从 1.5—15 米都有，大多数的房屋面宽为 4—8 米。在房屋进深方向的中间位置，设有一片垂直于侧墙的承重墙，如同脊椎之于人体所在的位置，因此被当地人称为脊椎墙。脊椎墙将 6 米进深的房间分为两个 3 米进深的房间，墙上有门洞相通（图 5-4）。在房屋的顶层，脊椎墙由木柱代替以承托屋脊。不论房屋面积大小，谷地中的房屋都设有脊椎墙。

绝大多数房屋以 6 米作为进深有三个原因。6 米进深的房间可以完整地布置尼泊尔人平常生活所需要的空间，每个 3 米进深的房间功能相对独立，且 3 米进深正好可以放置一部木制楼梯；统一进深的房屋便于后期加建，加建建筑的进深可以与原建筑相通，也可以为原建筑进深的一半，而 3 米长的楼层木板较其他尺寸木板更容易获得，同时可以充分发挥了木板的结构性能；加德满都谷地可用于耕地和建造房屋的土地非常有限，模数制建造的房屋可以更充分利用每一寸土地。所以，满足基本使用功能条件下的 6 米进深成为谷地最常见的尺度[2]。

民居中的楼梯一般采用木制。6 米进深的建筑单体中，楼梯位于由脊椎墙分隔形成的 3 米进深的房屋的端部。围绕庭院建造的建筑中，楼梯位于建筑的四个拐角处，将建筑分成几组功能。楼梯没有直接采光，也不能从建筑的外立面确定

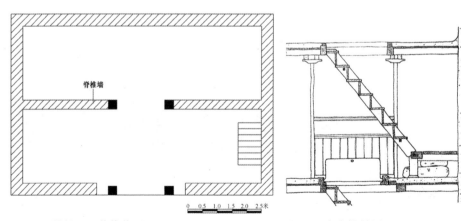

图 5-4　民居平面结构简图　　　　图 5-5　室内楼梯剖面

1　余敏飞，潘特. 尼泊尔国八合院 [J]. 时代建筑，1991（10）.
2　殷勇，孙晓鹏. 尼泊尔传统居住建筑文化初探 [J]. 科学时代，2011（17）.

楼梯的位置。由于民居的层高较低且房间空间有限，因此楼梯为单跑直行，与水平面呈 45° — 60° 夹角，通行非常不便（图 5-5）。

2. 立面

加德满都谷地人民相同的生活方式和形成的一致的房屋建造方法，使得谷地房屋的形制非常相似，只在建筑立面上产生局部变化。谷地建筑的层数与高度和建筑的占地面积没有直接关系，街道两侧的房屋不论占地面积多少，一般都是三层或者四层，层高和层数大多相同。谷地中民居的立面形式形成统一，即使城市和农村中的民居也没有明显区别。

街道两侧的民居一层用做商店或者作坊，这与谷地一直是重要的商贸通道有关。从民居沿街立面看，民居左右两端是墙体端头，中间用一排或者两排粗大的截面为正方形的木柱支撑。单排柱时木柱截面边长约 30 厘米，双排柱时木柱截面边长约 20 厘米。木柱间距 1 米左右，中间设双扇门。木柱通过上方厚大的木梁承托砖墙的荷载（图 5-6）。房屋墙体厚度较小时，底层采用单排柱；房屋墙体较厚时，底层则采用双排柱。房屋底层采用双排柱时，两排柱子之间留有一段30—40 厘米的空隙。尼泊尔人充分利用这一空间，在两排柱之间用放置一排排木隔板，摆放各种物品（图 5-7）。

沿街建造的民居都紧邻道路，各户之间紧密相连（图 5-8），建筑高度基本一致，只有个别新建的房屋略微高出，形成连续完整的沿街建筑立面。其主要形成原因有两个：第一，谷地中可利用土地非常少，人们必须节约每一处用地，因此将房屋紧挨着建造。第二，尼泊尔绝大多数人信奉印度教，印度教中的种姓制决定了

图 5-6　民居一层立面

图 5-7　一层双排柱中间空间利用

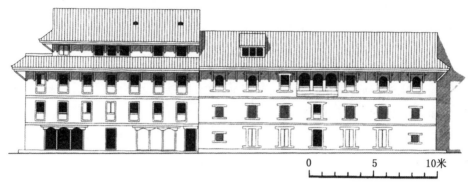

图 5-8　帕坦某民居建筑立面

不同种姓的人要分开居
住，而同种姓的族群则
居住在一起，相互之间
有很强的认同感。

　　每一栋民居立面都
保持中轴对称，与宫殿
建筑和神庙建筑相同。
位于中轴线上的门窗雕

图 5-9　帕坦民居建筑立面

刻比其他部分精细，其他门窗对称布置。即使少数民居的底层门不是中轴对称
设置，上层的窗户也单独设计成轴线对称（图 5-9）。底层没有用做商店或者
作坊的民居会开一个低矮的门，门的两侧对称布置两扇窗户或者不设置窗户。

　　窗户是谷地民居的一大特色。窗户的形式分为两种：一种是尼泊尔传统雕刻
的窗户，和宫殿的窗户相似（图 5-10）。这种雕刻精细的窗户出现在房屋的中轴
线上，以单窗或者排窗的形式出现。另一种是百叶窗，这种形式的窗户受新古典
主义风格影响（图 5-11），民居中百叶窗模仿了新建的皇宫建筑的窗户。有的房
屋二层或者三层出现了窄阳台，阳台的宽度在 1 米左右，阳台下用插入墙体中的
木梁和斜撑阳台的将荷载传递至砖墙。带有阳台的房屋面宽都很小，面宽较大的
房屋则以连续的窗户代替阳台。民居质量和等级可以通过窗户辨认，质量好、等
级高的民居窗户雕刻得非常精细，如同神庙及宫殿建筑的窗户雕刻，甚至出现三
扇的排窗，而普通民居的窗户雕刻简单，甚至不做雕刻。

图 5-10　传统风格窗户　　　　图 5-11　新古典主义风格百叶窗

　　和神庙及宫殿建筑一样，民居也采用坡屋顶。所有的屋顶檐口都出挑一段距离，用斜撑承托出挑部分的荷载。屋顶檐口出挑有两个原因：第一，尼泊尔 6—9 月是雨季，每天都会连续下雨数小时。出挑的檐口可以保护建筑的墙体和基础不受雨水的侵蚀。第二，出挑的檐口是人们身份地位的体现。等级高的种姓檐部挑出深远且雕刻精细，模仿神庙建筑的斜撑，等级低的种姓檐部出挑短且斜撑没有装饰雕刻，只起到结构承托作用。谷地民居还有一种没有斜撑的檐口出挑，这种檐口出挑靠插入墙体的小木梁承托荷载。

　　谷地民居的层数不仅可以通过立面竖向门窗的数量，还可以通过民居外墙面每层的分隔标志辨别。常见的分隔标志有两种：一种是在每层的分隔处会有水平突出的线脚，另一种是在每层的分隔处有许多插入墙体的木梁。两种形式产生于同一种构造形式。尼泊尔民居通过木质楼板分隔建筑楼层，这些楼板固定在木梁上，所有的木梁都沿着房屋的进深方向搁置在墙体的两端，因此可以看见一些民居的立面上有许多插入墙体的木梁，还有一些民居则使用出挑的线脚将木梁遮挡在墙体内部，增加建筑的美观性。

3. 功能分布

　　谷地民居建筑不论占地面积大小，都垂直向上发展。谷地三座主要城市民居多为四层，周边村镇的民居以三层居多，山间农村的民居多为二层。房屋的规模和主人的种姓等级有关，住在城镇里的居民往往都是种姓等级较高的人。尽管房屋的规模和立面装饰程度有差别，但是每个种姓的房屋功能分布和空间利用方式都相似。

　　城镇民居的底层一般用做商店和作坊，对外开放性强。加德满都老城区街道两侧的民居底层几乎都是商店，吸引了众多游客穿梭其中。民居底层不用做商业功能时则用做库房，储存生活杂物，而不作为主要生活空间使用。这种独特的使用形式形成的原因可以归结于三点：第一，加德满都谷地一直是印度与西藏之间的贸易要道，谷地经济发展的主要动力就是商业贸易。这里聚集了众多南来北往的商人，尼瓦尔人非常善于经商，因此他们在建造房屋时就将商业功能作为重点进行设计。第二，尼泊尔民居底层的门和庭院是允许他人穿行的，商店或仓库更适应这种开放的生活方式，现在尼泊尔人还保留着闲坐在底层聊天的习惯。第三，尼泊尔每年有长达四个月的雨季，而城镇的排水设施非常落后，建筑底层有被雨水淹没的可能，并且雨季时建筑内地面潮湿，因此将非居住功能布置在底层很好地解决了这个问题。个别山区农村民居将建筑底层架空用做圈养牲畜，这种方式同样解决建筑底层不供人居住的问题[1]。

房屋底层的脊椎墙将房间一分为二，朝向街道的房间用做商店时后面的房间则作为制作间或者仓库使用。有的民居为了增加底层的开放性，常用粗壮的木柱代替脊椎墙。连接建筑一层与二层的简易木质楼梯位于建筑的端部，楼梯尺寸狭小，仅容一人上下。木质楼梯上会设置两扇厚木板构成的小门，必要时关闭楼梯间保证楼上居住功能的安全性和私密性。

民居的中间层（四层建筑中的二层和三层）是尼泊尔人生活中最重要的空间，人们在中间层休息、工作和交流（图5-12）。尼泊尔人生活中使用的家具非常简易，床都是用木板拼接而成的，虽然房间的面积狭小，但是由于家具简陋所以不是很拥挤。脊椎墙或者木柱将房间分成几个小的空间，整个家庭的人分别居住在

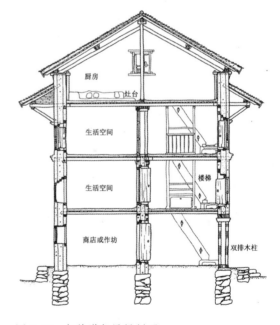

图 5-12　加德满都民居剖面

1　殷勇，孙晓鹏. 尼泊尔传统居住建筑文化初探[J]. 科学时代，2011（17）.

各个小空间中，成人和小孩的床铺之间用布帘或木板间隔。建筑中间层的窗户数量最多，为房间争取足够的采光。尼泊尔人喜欢倚靠窗户交流，小孩也喜欢靠近窗户玩耍。

民居的顶层是厨房，尼泊尔人每天在这里生火做饭。厨房设置一个神龛，供奉印度教的神像。尼泊尔的厨房非常简陋，灶台用泥土砌筑而成，没有烟囱连通室外。现代技术给尼泊尔人的生活带来改变，许多家庭已经开始使用天燃气灶台了。由于基础设施落后，人们每天都要到取水处打水。建筑的山墙面顶层部分常设置一个通风口，用于排除室内的烟气。而建筑屋顶也会设置一个碗口大的通风口，通风口用弧形瓦片覆盖，防止雨水流入。建筑顶层的厨房和神龛是不允许外人和低种姓的人进入的，而且只有同一家族或者同一种姓的人才可以一起进餐。

尼泊尔人的生活条件非常简陋，还保持着传统的生活方式。除了家具匮乏简陋外，其他生活物品也很少。席子是人们每日使用最多的物品，白天人们坐在席子上聊天、织布，晚上将席子铺在床上睡觉。尼泊尔人将家里贵重的物品放置在靠近墙的砖砌壁柜或者木板搭建的柜子中。每家每户都有许多金属水罐，取水处人们排着长长的队伍等待取水。传统住宅没有供水和排水的管道，用水和排水都通过人力来完成。房屋里也没有厕所，需要方便要到屋外解决。

4. 结构

根据房屋的承重方式不同，可以将谷地内的民居分为砖结构、砖木结构、砖石结构、砖石木混合结构几种，其中砖木结构是最常见的结构形式。城镇内的房屋外墙多采用红砖砌筑，底层商店入口用木柱支撑。建筑内部承重构件为脊椎墙或者木柱，同时也起空间分隔作用。建筑顶层以木柱代替砖墙，连接坡屋顶的屋脊。由于建筑比较高，所以砖墙非常厚，可达 40 厘米左右。屋顶出挑檐部的重量由一条水平插入砖墙的短木梁和斜撑承托（图 5-13）。在山间可以看见用石块砌筑或者砖石混合砌筑的房屋，这些房屋用当地的黏土作为黏结剂。房屋角部的石头平整且宽大，中间部分用砖或者小石块砌筑（图 5-14）。

谷地民居很重要的一个特点是充分利用坡屋顶形成的三角形空间。屋顶的坡度在 30° 到 45° 之间，形成的三角形空间很大。建造房屋时和其他楼层一样，在檐口处铺设木梁和木板，并用一个木质楼梯通往顶部。屋顶下的空间一般用做储存杂物，也有用做居住的。这种设计手法有三点优势：第一，尼泊尔可建房屋

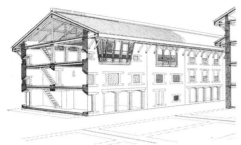

图 5-13　帕坦民居结构剖透视

图 5-14　石材砌筑的房屋

用地有限，充分利用屋顶下空间储存物品增加了建筑面积，提高了建筑的利用率。第二，加德满都谷地地处亚热带，夏季炎热，屋顶下的空间可以充当隔热层，增加房屋的居住舒适性。第三，厨房设置在建筑的顶层，火苗对屋顶的威胁很大，在屋顶下设置一层楼板可以将火势控制在一定范围内。

第四节　建筑材料

当人们进入加德满都谷地时，很快可以发现这里的建筑几乎都用红砖砌筑而成。重要建筑采用的是表面光滑的烧结砖，而普通民居多采用表面粗糙的砖。木材在建筑中也起到至关重要的作用，主要体现在木雕和木结构两方面。两种材料在房屋建造过程中紧密联系，缺一不可。下面以砖和木材为例分析加德满都谷地民居建筑材料。

1. 砖

砖根据制作工艺的区别可以分为两种：晒干砖和烧结砖，两种砖的制作差别在于最后一步是晒干还是烘烤完成。制作砖的黏土来自城市周边地区的农田。传统的制砖工艺如下：首先，将黏土挖掘出来后用水湿润；然后，将加工后的黏土捏成大小统一的球体，放进涂有黄色粉末的木制模板中定型（使用黄色粉末后便于取出定型后的黏土砖块）；最后，将黏土砖块晒干或者烘烤。晒干的砖首先堆放整齐，然后表面覆盖稻草，在阳光下晒三天。晒干的砖的抗压能力较弱，一般使用在房屋的内墙和低矮的房屋中。晒干后烘烤的砖坯首先堆放成一个边长 6 米、高 5 米的长方体，砖堆中加入木炭或者煤炭烧制数天。烧结砖的抗压性能较好，可以使用在建筑的任何部位，但是其造价高且消耗过多的木材等燃料，因此烧结砖一般用于建筑的外墙和高等级的建筑中。

　　砖的常见尺寸为 24 厘米 ×12 厘米 ×7 厘米，也有其他尺寸的砖，如 21 厘米 ×14 厘米 ×5.5 厘米和 21 厘米 ×14 厘米 ×7 厘米，建筑立面中各种带图案的砖则通过模具定型制作而成。现在谷地民居建筑越来越多地使用烧结砖。现代制砖技术的进步、煤炭的利用、交通运输的便利降低了烧结砖的制作成本。但是，大量使用烧结砖极大地破坏了农业耕地，致使谷地内可用耕地越来越少，尼泊尔还需寻求其他办法来解决这个问题。

2. 木材

　　相较于烧结砖，木材更已经成为加德满都谷地一种稀缺建筑材料。近几十年，谷地人口剧增，耕地不断扩大，导致森林面积不断缩小，然而这并不是导致木材稀缺的最主要原因。新建大量建筑，更进一步导致有良好性能的树木过度砍伐，致使可用于房屋建造的木材非常稀缺。

　　用于建筑的木材主要有四个品种：婆罗树、红荷木树、刺梨树和桤木。婆罗树生长在德赖平原地区，木质坚硬且抗腐蚀，是非常好的红木品种。其他三种树木生长在加德满都谷地周边的山上。婆罗树因其良好的性能而用在建筑外露部分，如作为木柱廊、入口木柱等。红荷木树质地也非常坚硬，略逊于婆罗树，常用做屋顶的椽，有时用于整个屋顶框架。刺梨树是松树中的一个品种，多用于屋顶和室内楼梯部分。桤木的质地很普通，但是数量非常稀缺，用于屋顶的梁架部分。尼泊尔传统建筑对木材的质地要求非常高，尤其是作为承重结构部分的木材。

　　尼泊尔基础设施薄弱，木材的砍伐和利用率很低，同时森林缺乏可持续性保护，刺梨树和桤木还易受虫害的威胁。木材砍伐后会做成各个尺寸的标准板块，常用截面尺寸有：8 厘米 ×8 厘米、8 厘米 ×10 厘米、12 厘米 ×12 厘米、12 厘米 ×15 厘米和 15 厘米 ×17 厘米。板块的长度根据木材的长度确定。

小结

加德满都谷地民居建筑群依据所处地形地势不同而分为城市平坦地势民居和乡间坡地民居，两种形式的民居建筑群选址、布局形态和空间结构完全不同。城市平坦地势的民居建筑群整齐划一，以神庙为中心集中建设。乡间坡地民居则依据地势散布在道路两侧，彼此独立存在。

加德满都谷地的民居建造质量最高，采用烧结砖、晒干黏土砖、木材等建筑材料建造。主城区民居多为四层，建筑外立面也会出现雕刻精美的图案。谷地民居建筑有两个鲜明特征：第一，民居建筑的进深都不大，整体呈向上发展的趋势，相邻建筑之间紧密相接，几乎不留一点空隙。第二，建筑底层多用做商店、作坊等开放功能，中间层用做居住，顶层用做厨房和神龛。

经济条件对尼泊尔各地区民居建设也有很大影响，加德满都谷地民居建筑的高质量与其地处印度和西藏之间的通商要道有关。从古至今，加德满都谷地一直汇聚了南来北往的商人，商业贸易给谷地带来巨大财富，推动宫殿建筑和神庙建筑发展的同时也带动民居建筑的发展。新古典主义风格传入尼泊尔后对民居也产生重要影响，民居中大量出现线脚和百叶窗等形式。

第六章　传统建造技术

第一节　神庙和宫殿建造技术

第二节　民居建造技术

建造技术与建筑发展紧密联系，每一次建造技术的革新都大力推动建筑的发展。尼泊尔 2 000 多年的城市文明历史中，建造技术不断发展，涌现了大量优秀的建筑作品，集中体现在高等级的神庙建筑和宫殿建筑中。这些建筑不仅体现了尼泊尔灿烂辉煌的建筑文化，也反映了几千年来尼泊尔的社会变化和社会生产力的发展。尼泊尔丰富多彩的传统建造技术，不仅对南亚建筑发展做出了巨大贡献，更丰富了全世界的建筑文明，为人类留下了宝贵的文化遗产。

尼泊尔神庙建筑、宫殿建筑和民居建筑的建造方法及技术运用各不相同，神庙建筑和宫殿建筑等级最高且相互之间紧密联系，代表了尼泊尔传统建造技术的最高水准。因此，本章根据建筑等级将建筑分为两类：神庙和宫殿建筑、民居建筑，分别对这两类建筑的建造技术进行阐述。

第一节　神庙和宫殿建造技术

从古至今，每一位尼泊尔国王都耗费大量物力、财力和人力建造精美绝伦的神庙建筑和宫殿建筑，以彰显其对印度教神灵的虔诚及其强大统治力。这些建筑能保留至今与当时优良的建筑材料和精湛的建造技艺密不可分。即使加德满都谷地经历了 1934 年严重的地震灾害，也还保留了多如繁星的优秀传统建筑。下文分别阐述谷地神庙和宫殿建筑各组成部分的建造技术。

1. 基础

加德满都谷地是冲击平原，地表面土质疏松，因此房屋需要一个坚实的基础支撑。谷地周边群山环绕，石材获取便捷，因此谷地内几乎所有大型神庙、宫殿都建造在坚固的砖石基础上。通常，基础分成多层。从视觉角度看，多层基础可以抬高建筑，增强神庙的神秘性和宫殿的庄严性。从力学角度看，多层基础可以将基础上庞大的建筑荷载逐步传递至地面。巴德岗的尼亚塔波拉神庙有 5 层台基，加德满都塔莱珠神庙更有 12 层台基。

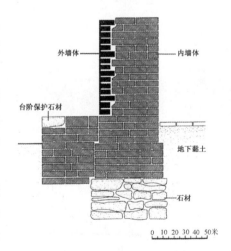

图 6-1　神庙和宫殿基础构造技术

加德满都谷地内的神庙和宫殿建筑地基都不深，一般在60—80厘米之间，宽度70厘米左右。基础的最底层由厚30厘米的石材砌筑而成，石材上面砌筑着整齐的烧结砖。石材与砖之间有一找平层，以保证砖整齐地砌筑在石材上。基础的周围砌筑一圈砖保护层，这圈保护层与基础分开，不起任何结构作用（图6-1）。砖砌保护层保护基础不受雨水浸蚀，同时提升建筑等级。

2. 墙体

加德满都谷地神庙和宫殿的墙体从外部看都采用红色烧结砖砌筑，然而，这些墙体不仅仅使用烧结砖砌筑，还大量使用了晒干黏土砖和黏土。建筑墙壁结构部分由外至内分为三层，最外层是红色烧结砖，中间层是黏土，最内层是晒干黏土砖。如此建造墙体的原因有三点：第一，神庙和宫殿等级高且层高多为三层到四层，因此建筑墙体较厚，这也体现出建筑的高规格性质。第二，加德满都谷地烧结砖的产量低，没有足够的砖用于建造整座建筑，因此采用黏土、晒干黏土砖结合烧结砖砌筑。第三，运用这种方法建造房屋可以节省人力和财力，将资源更多地分配到取悦神灵和显示权威的木雕上。神庙建筑和宫殿建筑的墙体因此非常厚重，墙体厚度随着建筑高度的增加而增加，最厚可达1米多。

处理好墙体中的三种建筑材料的构造关系至关重要，尼泊尔工匠们创造性地解决了这个问题。工匠们砌筑墙体时，每隔几层砖就用一块长烧结砖和晒干黏土砖代替标准尺寸的砖，砖外侧与墙面平齐，内侧插入黏土中。这种砌筑方法使墙体坚实稳固，长砖就像钉子将三种建筑材料钉在一起（图6-2）。

宫殿和神庙外墙烧结砖的砌筑方法也令人疑惑，从外侧看烧结砖的灰缝非常小，只有1—2毫米宽（图6-3），如不细看烧结砖好像直接堆叠在一起而没有使用黏结剂。这一砌筑方法是尼

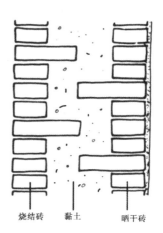

烧结砖　黏土　晒干砖

图6-2　砖墙建造技术

泊尔工匠们另一个伟大的创新。尼泊尔雨季时每天降雨达平均6小时以上，雨水对墙体的冲刷非常严重，尤其对外墙灰缝的侵蚀伤害非常大，于是，工

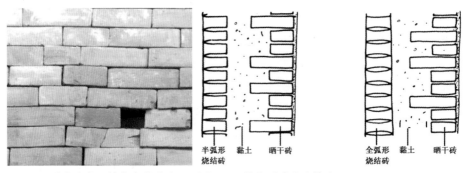

图 6-3　神庙和宫殿墙体灰缝狭小　　图 6-4　弧线形砖建造技术

匠们发明了弧线形砖。弧线形砖分为两种形式，一种是朝向内侧的砖面缩小，朝向外侧的砖面不变，上下两侧面由一个平面和一个弧面组成；另一种是内外两侧砖面大小不变，上下两面是一个内凹的弧线（图 6-4）。两种形式的砖都将黏结剂隐藏在墙体内，保护黏结剂。第二种砖较第一种砖更好地传递了荷载，这种形式的砖和其砌筑方法只出现在大型的神庙建筑和宫殿建筑中，这类烧结砖产量很低且非常耗费人力，在需要长久保留的高等级建筑中才得到应用。

在神庙建筑外墙烧结砖中，经常出现多根雕刻精美的木条。木条设置在两扇窗户中间，使用一块完整的木板雕刻，没有拼接（图 6-5）。木条上常雕刻花卉、动物等图案，动物图案以弯曲的蛇为主。木条的宽度和烧结砖一致，在红色的墙面中分外突出。设置木条有三个作用：第一，每隔一层在窗户间设置一根木条，相当于设置一个找平层，保证墙体水平向稳定均衡。第二，从力学角度看，木条相当于钢筋，将整个墙体拉结成整体。第三，木条上植物和动物的雕刻精彩绝伦，更加突出神庙的神秘和庄重。

神庙建筑的门窗边框常呈斜线、弧线等异形形式，因此与门窗边框交接的砖需要根据边框的形状修整（图 6-6）。工匠们在砌筑时，先将门窗固定在墙体中，然后逐步修整交接处的砖块，直到完全契合后砌筑在交接处。从外立面看，砖与门窗之间咬合紧密，几乎不留下一丝缝隙。

3. 檐柱

神庙建筑与宫殿建筑的檐柱和斜撑一样雕刻精美，其构造方式具有特色。檐柱根据其所处位置不同可以分为中间檐柱和角部檐柱，檐柱由下至上分为柱础、

图 6-5　窗户间的木条板

图 6-6　修整过的弧形砖

柱身、柱头、托木四部分（图 6-7），两种不同位置檐柱的区别在于托木的构造方式不同。

中间檐柱的构造：首先将柱础和柱身的端部做出企口式或凹洞式，柱身卡在柱础上，然后将柱身上部突出的木条插入柱头预留的凹洞，最后将托木和木梁预留的凹洞对准柱身的木条，拼合成整体（图 6-8）。

角部檐柱与中间檐柱的构造区别在于角部檐柱包含两个相垂直方向的托木。

角部檐柱托木由两块小托木组成，小托木交接处做成咬合状，中间预留上下贯通的凹洞，与柱身的木条连接（图 6-9）。

柱础与柱身的交接方式有明交和暗交两种。明交能从外部看出两者是如何咬合的，暗交则从外观无法看出两者的交接方式。明交基本采用企口咬合的方式，柱础和柱身底部都做成凹凸状，两者咬合在一起即可。暗交常在柱身底部中心位置做出一个凹洞，柱础做出

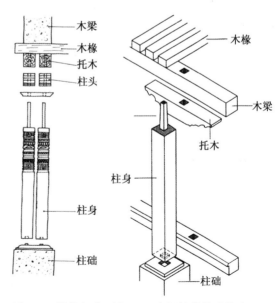

图 6-7　檐柱组成　图 6-8　中间檐柱构造技术部分

135

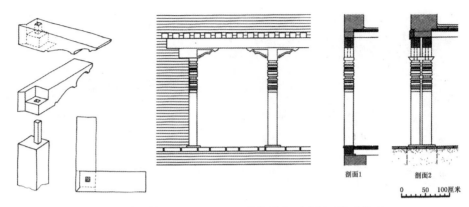

图 6-9　角部檐柱托木处构造技术　图 6-10　双排檐柱立面及剖面构造技术

一个突出构件，凹洞和突出构件形状保持一致，两者咬合则形成整体。等级较高的神庙建筑和宫殿建筑都采用暗交的方式。

等级较高和层数较高的神庙一般采用双排檐柱，以保证结构的稳定性。双排檐柱的构造方式和单排檐柱相似，只是前后两根檐柱共用一个柱础，使两个檐柱连接成整体（图 6-10）。

4. 檐口

神庙建筑和宫殿建筑的檐口最让人津津乐道的是斜撑，普通民居也有类似构件，但是构件尺寸、雕刻程度都与神庙建筑和宫殿建筑相距甚远。斜撑是结构作用和艺术效果的完美结合构件，撑托出挑的屋顶，同时展示各种宗教神像图案雕刻，根据檐口组成构件的区别可以将檐口分为三类。

第一类檐口只有斜撑承托檐口，斜撑底部支撑在插入墙体的水平木条中，顶部直接连接出挑的木椽，木椽与斜撑之间用木钉固定牢靠。木椽与墙体连接处会放置一块枕木，也通过木钉连接木椽和枕木。木椽的上方整齐地铺上木板，木板上方涂刷灰浆，最后将小瓦片整齐地铺在灰浆上。木椽的端部会垂直布置一排檐板，防止木椽受到雨水的侵蚀（图 6-11）。

图 6-11　第一类檐口构造技术

第二类檐口和第一类檐口大体相同，唯一不同的是在木椽和斜撑之间加了一根水平插入墙体内的木条，木椽和斜撑分别连接到水平木条上。木条插入墙体的一端下方放置了两块枕木。木椽和斜撑顶端与水平木条的交接处也有一块枕木，木椽从交接处继续向下延伸一段距离，将水平木条遮挡住。木椽上灰浆和瓦片的布置方式和第一类檐口相同（图6-12）。

第三类檐口和第二类檐口大体相同，不同之处就是木椽和水平木条的位置关系。第三类檐口水平木条与木椽端部交接后继续向前延伸一段距离，木条端部垂直布置一排檐板。木椽和水平木条的上方同样涂刷灰浆和铺置小瓦片（图6-13）。

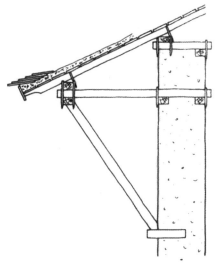

图6-12　第二类檐口构造技术

5. 屋顶

神庙建筑和宫殿建筑的屋顶形式不同，神庙建筑多为四坡屋顶，屋顶部分呈锥体状，四条檐口边长相等。宫殿建筑常以建筑群的形式出现，屋顶为双坡式。

从帕坦翠里连庭院的剖面可以发现，宫殿的屋顶有四个承托点，分别是位于屋脊的木柱、一片延伸至木椽的砖墙和两根屋顶斜撑。延伸至木椽的砖墙直接承受荷载，两个屋顶斜撑间接将荷载传递至墙体，位于屋脊的木柱将荷载传递至下方的木梁，再由木梁传递至墙体（图6-14）。屋脊下的木柱作用最关键：第一，只有通过木柱支撑屋脊才能形成坡屋顶；第二，

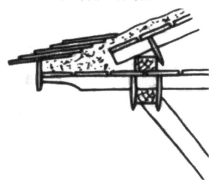

图6-13　第三类檐口构造技术

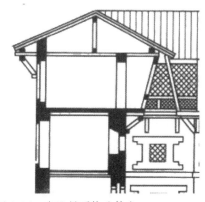

图6-14　宫殿屋顶构造技术

木柱支撑屋脊和木椽，承受荷载巨大，结构作用明显。

神庙建筑的屋顶构造方式和宫殿建筑不同。如图 6-15 所示，神庙屋顶木椽的顶端由一根立在水平木梁架上的木柱支撑，木柱周围另设一圈围合成正方形的木柱承托木椽。木椽的尾端固定在砖墙上，出挑部分由水平木条或斜撑承托。整个屋顶有四个承托点，最重要的两个承托点是一圈围合成正方形的木柱和砖墙，这两部分承托屋顶大部分荷载。屋顶中心的木柱主要承托屋顶宝顶。

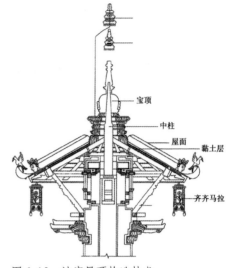

宝顶

中柱

屋面

黏土层

齐齐马拉

图 6-15　神庙屋顶构造技术

6. 空间结构体系

神庙建筑和宫殿建筑的空间结构体系因各自建筑形体不同而有所区别。神庙建筑立面随建筑层数增加而逐渐向中轴线收缩，而宫殿建筑立面不会出现收缩现象。从剖面看，宫殿建筑的空间结构体系是墙和木柱抬木梁架，逐层叠加，上下层建筑面积基本一致，最多局部出挑木质阳台或走廊。而神庙建筑逐层收缩，上层建筑面积小于下层建筑面积。神庙建筑的空间结构体系可以分为两类：一类是承重墙体和承重木柱上下对位式，另一类是木梁抬墙体或木柱式。

在加德满都谷地，承重墙体和承重木柱上下对位式神庙非常普遍，加德满都的昌古纳拉扬神庙就是一个典型实例（图 6-16）。从剖面看，昌古纳拉扬神庙为两重屋檐，由内至外同样为两圈墙体。外圈墙体撑托第一层屋檐的荷载，内圈墙体撑托第二层屋檐的荷载，内外两圈墙体一层都由木柱支撑。神庙宝顶垂直连接到顶层的梁架。

加德满都谷地中也有木梁抬墙体或木柱的神庙，加德满都杜巴广场中玛珠神庙（Maju Deval）就是此类神庙（图 6-17）。从剖面看，昌古纳拉扬神庙为三重屋檐，由内至外为三圈墙体。外侧两圈墙体直接与木柱连接，由木柱将荷载传递至基础，而最内圈墙体砌筑在中间圈墙体支撑的木梁上，通过粗大的木梁将荷载传递至墙体。这种形式类似于中国传统抬梁式建筑，只是用砖墙取代木柱了。

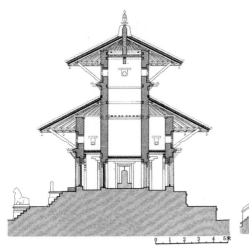

图 6-16　昌古纳拉扬神庙剖面

图 6-17　玛珠神庙剖面

第二节　民居建造技术

民居建筑是分布最广泛、数量最多、形式最多样的建筑类型，在尼泊尔境内，有砖砌民居建筑、石砌民居建筑、夯土墙民居建筑、木骨泥墙民居建筑等多种类型，不同形式的民居建筑运用了不同的建造技术。

1.基础

加德满都谷地民居和德赖平原地区民居基础建造方式完全不同，山间民居更是与众不同。加德满都谷地面积狭小且人口众多，民居建筑通常为三层至四层。由于谷地土质疏松且民居层数较高，因此民居基础需要夯实。工匠们会在墙体下砌筑几层宽厚的石材基础，砌筑形式和宫殿建筑类似。石材基础常略高于室外地平面，防止雨水的侵蚀（图6-18）。建筑四角的石材体量最大，体量较小的石材均匀分布在基础的中间位置。

山区民居基础使用最多的材料是石材，居民获取石材方便且成本低。许多村民将基

图 6-18　加德满都谷地民居石材基础

础外露部分粉刷了水泥或者泥灰。（图
6-19）。

图 6-19　谷地周边山区民居石材基础

2. 墙体

民居建筑的墙体因采用不同的建筑
材料而形成不同的建造方式，加德满都
谷地地区民居建筑材料以砖为主，谷地
周边山区民居以石材为主，也出现木骨
泥墙式建筑构造，下面分别分析这几种建筑材料的建造技术。

（1）砖墙

民居建筑墙体常按照"三顺一丁"或"一顺三丁"方式砌筑，灰缝空隙较大，
受雨水冲刷严重。墙体厚度由建筑高度决定，一层至两层民居通常为两排砖宽，
三层至四层建筑则在两排砖中间填充黏土，增加墙体厚度。为了保证墙体砖之间
的整体性，工匠们每隔一段距离在墙体中加入长木条，使砖彼此之间拉结成整体。

（2）石墙

石墙主要出现在山区民居建筑中，现在仍有许多尼泊尔人用石材建造房屋。
石材尺寸差异较大，条件较好的居民会将石材切割成长方形，保证上下两条边平
行。条件受限制的居民没有办法切割石材，墙体外立面因此参差不齐。建造石墙
民居时，工匠们首先挑选大体量的石块从房屋的四角开始砌筑，将民居四角压住，
保证墙体整体稳定，然后由角部向墙体中心砌筑。砌筑民居墙角时需将上下两块
大石材垂直错位放置，相互咬合成整体。

在石墙民居中也出现砖墙民居中所运用的木条，木条就像钢筋将石墙拉结成
整体（图 6-20）。

（3）木骨泥墙

木骨泥墙民居在谷地中很少出现，主要分布在德赖平原地区，此类墙体用树
干、稻草、泥土砌筑。首先，挑选粗大的树干作为主要构件，均匀分布在墙体的
各个位置形成网架；然后，将树枝固定在大树干的网架上，再将稻草整齐地固定
在树枝上；最后，将和好的泥土均匀涂刷到稻草上。木骨泥墙民居使用寿命较短，
居民每隔三五年就重新建造墙体，而木骨泥墙民居墙体与结构柱是相对独立的，
因此后期修葺非常方便。

图 6-20　石墙中加入木条

3. 屋顶

尼泊尔民居屋顶建造方式根据使用的材料不同而相异。加德满都谷地民居屋顶建造方式和宫殿建筑相似，采用小瓦片铺设；本迪布尔则出现了独特的石片铺设的屋顶；德赖平原地区茅草屋顶更为普遍。

（1）瓦顶

瓦顶广泛运用在生活条件较好的加德满都谷地地区和博卡拉地区，瓦顶的建造成本最高。首先，工匠们先在木椽上整齐地铺设木板；然后，在木板上涂刷泥灰等黏结材料；最后将瓦片整齐划一地铺设在黏结材料上（图 6-21）。黏结剂干燥后具有一定的防水作用。三道建造工艺耗费大量人力和物力，因此现在许多尼泊尔人直接用铁皮作为屋顶，节约时间和成本。

（2）石材顶

石材广泛运用在本迪布尔的民居屋顶，加德满都谷地周边山区也使用此方法建造屋顶。建造屋顶石材来源于当地的山体，这些石材天然呈叠压式，开采出来后容易剥离成片，每一片石材厚度在 5 毫米左右。铺盖石材屋顶时先在一片片石材的端部钻出一个小孔，然后在木椽架钉好铁钉，最后将石材层层叠压挂在铁钉上（图 6-22）。这种方式建造的屋顶防雨水性能较差，雨季时期屋顶易出现渗水现象。石材铺设时可以垂直于屋脊，也可以与屋脊呈 45 度角。

（3）茅草顶

茅草顶民居主要位于德赖平原地区，因为这里盛产水稻，每年都有大量稻草

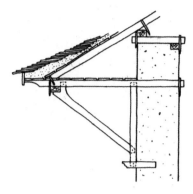

图 6-21　民居瓦顶构造技术

图 6-22　民居石材顶构造技术

用于建造房屋。茅草顶主要有两种形式，一种是双坡式，另一种是锥体式。双坡式民居用于居住，锥体式民居多用于储藏等功能。在构造方式上两种屋顶类型也有所区别。

双坡式在建造时首先搭建屋面构架，屋脊和屋檐梁架中间垂直均匀地固定木椽，然后在木椽上平行屋脊方向固定木条，形成"井"字形屋架，稻草垂直屋脊方向整齐均匀地铺在屋架上，并且用草绳固定住（图 6-23）。建成之后的茅草屋顶有 30 厘米厚，防雨水效果较好。

锥体式茅草顶建造方式很特别，是在一个平面上建好后拉成立体式，然后架在墙体上。首先，根据墙体尺寸确定平面圆的半径；然后，根据半径尺寸搭建扇形网架；最后，将稻草沿着半径方向由扇形边向圆心一层层铺设，靠近圆心的稻草压在靠近扇形边的稻草上。将建造成的平面屋顶圆心抬起，将扇形的两条边重合就形成了圆锥体，即可盖在墙体上（图 6-24）。锥体式民居的室内空间非常狭小，民居内只有 4 平方米左右。

4. 空间结构体系

尼泊尔民居建筑空间结构体系分为三种，墙承重式、墙柱共同承重式和柱承重式。墙承重式的民居多使用砖、石材砌筑。墙柱共同承重式的民居是用木柱取代室内墙体，以获得更加灵活开敞的空间。柱承重式民居主要分布在德赖平原地区，采用木柱支撑起室内空间，墙体只充当围合作用。

墙承重式民居的空间结构和宫殿建筑类似，建筑屋架由墙体承托，建筑内部

图 6-23　民居双坡式茅草顶构造技术　　　图 6-24　民居锥体式茅草顶构造技术

空间也用墙体划分。室内二层的梁架平行于横墙方向搁置在墙体中，从建筑外立面可以清晰地看见木梁架的分布情况。墙承重式民居空间划分固定，有诸多不便，因此许多居民以木柱代替室内墙体。木柱立在屋脊下方，承托屋脊的荷载。柱承重式民居空间划分灵活，底层可以架空用做牲畜房，也可用做居住空间。屋顶空间的利用是尼泊尔民居的一大特色，不论是哪种形式的民居都会充分利用屋顶空间。最常用的方法是在屋檐处搭建水平向梁架，将屋顶下空间围合起来，用做储藏等功能。

小结

尼泊尔精美的传统建筑与尼泊尔人精湛的建造技术密不可分，他们用自己勤劳的双手、聪明的才智为人类留下了众多艺术精品。神庙建筑和宫殿建筑等级最高，最能体现尼泊尔传统建造技术。民居建筑普遍存在于尼泊尔各地区，代表了尼泊尔最朴实的建造技术。

神庙建筑和宫殿建筑使用的建造技术和手段最多：建筑基础多采用石材砌筑而成；墙体采用独特的内外三层材料砌筑；檐柱作为承重构件运用榫卯技术与其他构件咬合；檐部斜撑不仅仅是装饰构件，更多用于承托出挑屋檐的荷载。

相对于神庙建筑和宫殿建筑繁复严谨的建造技术，尼泊尔民居建筑所使用的建造技术就简单得多。民居基础分为石材基础、砖基础、夯土基础；民居墙体分为砖墙、石墙、木板墙和木骨泥墙；民居屋顶分为瓦顶、石片顶、茅草顶。虽然民居建筑建造技术简单，但是它代表了最广大尼泊尔人的智慧，值得传承和发扬下去。

2015 年 4 月 25 日北京时间 14 时 11 分（尼泊尔当地时间 12 时 11 分），尼泊尔境内发生 8.1 级大地震。震源位于东经 84.7 度、北纬 28.2 度，震源深度 20 公里。同日北京时间 14 时 45 分，东经 84.8 度、北纬 28.3 度发生 7.0 级地震，震源深度 30 公里。4 月 26 日北京时间 7 时 16 分，东经 85.0 度、北纬 27.8 度发生 5.0 级地震，震源深度 10 公里。同日 15 时 09 分，东经 85.9 度、北纬 27.8 度发生 7.1 级地震，震源深度 10 公里。

4 月 25 日至 4 月 26 日连续发生的大地震及余震给尼泊尔造成巨大破坏，尤其是尼泊尔最繁华的加德满都谷地受损严重。震源位于旅游胜地博卡拉境内，距离首都加德满都仅 80 公里左右（图 7-1）。截至 6 月 11 日，已经有超过 8 786 人遇难，超过 22 303 人受伤，这一数字还在增加。这次地震给加德满都谷地造成的损失不低于 1934 年巴德岗大地震，使加德满都南移 3 米。尼泊尔周边国家和地区也受到波及，中国西藏 20 人遇难，印度 53 人遇难，孟加拉国 4 人遇难。

图 7-1　"4·25"地震位置图

第一节 传统建筑受损情况

除大量人员伤亡外，加德满都谷地众多闻名遐迩的名胜古迹遭受巨大损坏，三座杜巴广场有超过三分之二的建筑倒塌或受损（表7-1，图7-2~图7-15）。

表7-1 宫殿和神庙受损情况

位置	建筑名称	受损情况
加德满都杜巴广场	哈努曼多卡宫	部分坍塌，为危险建筑
加德满都杜巴广场	独木寺	完全坍塌
加德满都杜巴广场	玛珠神庙	完全坍塌
加德满都杜巴广场	迪路迦莫汉拉扬神庙	完全坍塌，基座完好
加德满都杜巴广场	纳拉扬毗湿奴神庙	完全坍塌
加德满都城区	斯瓦扬布纳特	主体建筑受损，周围副塔坍塌
加德满都城区	博德纳特窣堵坡	主体建筑顶部开裂，副塔坍塌
加德满都城区	达拉哈拉塔（比姆森塔）	完全坍塌
帕坦杜巴广场	哈里桑卡神庙	完全坍塌
帕坦杜巴广场	查尔纳拉扬神庙	完全坍塌
帕坦杜巴广场	国王柱	顶部雕像掉落受损
巴德岗杜巴广场	瓦斯塔拉杜尔迦神庙	完全坍塌
巴德岗杜巴广场	法希得噶神庙	完全坍塌，底部基座雕像保留
巴德岗杜巴广场	湿婆神庙	顶部坍塌

图7-2 哈努曼多卡宫受损对比

图7-3 独木寺受损对比

图 7-4　玛珠神庙受损对比

图 7-5　迪路迦莫汉纳拉扬神庙受损对比

图 7-6　纳拉扬毗湿奴神庙受损对比

图 7-7 斯瓦扬布纳特受损对比

图 7-8 博德纳特窒堵坡受损对比

图 7-9 达拉哈拉塔受损对比

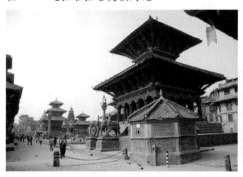

图 7-10 哈里桑卡神庙受损对比

图 7-11　查尔纳拉扬神庙受损对比

图 7-12　帕坦国王柱受损对比

图 7-13　瓦斯塔拉杜尔迦神庙受损对比

图 7-14　法希得噶神庙受损对比

图 7-15　湿婆神庙受损对比

　　加德满都谷地的民居建筑较宫殿建筑和神庙建筑损坏更加严重，因为民居的建造质量和建造材料略逊于宫殿和神庙。谷地内的民居几乎都由砖木建造而成，底层入口处由木柱支撑砖墙，其他部分都采用砖砌筑，黏结剂为当地黏土。谷地内传统民居都有数十年历史，有的甚至有一两百年的历史。在这次8.1级的大地震下，许多民居遭到灾难性毁坏，房屋成片倒塌（图7-16）。

图 7-16　加德满都民居损坏情况

第二节　尼泊尔地震解析

1. 地理位置分析及历史地震状况

尼泊尔位于喜马拉雅—地中海地震带上，此地震带西起地中海及其附近一带，经土耳其、中亚细亚、印度北部、我国西部和西南部分地区，再经过缅甸到印度尼西亚与太平洋地震带相接。这条地震带也是近代地壳运动活跃的地带，它可分为几个段落，其中印度北部是重要一段，称"喜马拉雅地震带"，东西长约 2 400公里。专家经研测发现，在喜马拉雅山脉的南侧，有一条长 2 000 多公里的世界上最大的喜马拉雅前缘断层，断层上最容易发生强烈地震，而尼泊尔就处于该断层中，该处发生强烈地震也就不足为奇。尼泊尔历史上发生的几次大地震都是在这个断层上。尼泊尔每80年会发生一次8级以上的地震，每40年会发生7.5～8级的地震。

尼泊尔国家地震科技学会（NSET）秘书长曾一直持有这样的观点："除非对抗震安全作出改进，不然一旦发生大地震，加德满都谷地中超过60%的房屋将被毁，可能会导致10万人丧生，30万人受伤。"加德满都谷地住有超过500万人口。

尼泊尔有记录以来的第一次大地震发生在1255年6月7日。根据记录，加德满都失去了三分之一的人口，死者甚至包括加德满都谷地的国王阿巴亚·马拉。谷地中不计其数的房屋和寺庙全部受损，其中很多严重毁坏。据称，该地震震级在7.7级左右。

仅仅五年后的1260年，又一次大地震造成众多建筑物被毁。尽管伤亡人数不明，但可以肯定的是，地震及其造成的疫情和饥荒夺去了很多生命。

1408年8月或9月，一次大地震再次袭击加德满都。一些神庙完全损毁，其他很多建筑也遭到不同程度的损坏。当时的记录称，很多地方出现了地面裂缝。

有关1681年大地震的信息少之又少，但这次灾难同样夺去了很多人的生命，并毁坏了大量建筑。

1767年6月或7月，尼泊尔再次经历地震。在24小时内，这次大地震共带有21次地震和余震。1810年、1823年、1833年、1834年和1883年也均有发生较大地震的记录。

最近的一次超大地震，则发生在1934年、夺去超过8 500尼泊尔人生命的大地震。这次地震又称为尼泊尔—比哈尔大地震（Great Nepal–Bihar Earthquake），是尼泊尔历史上最严重的几次地震之一。1934年2月15日，北京时间16点35分，东经86度59分、北纬26度86分，加德满都东部约240公里处发生8.4级大地震，震源深度15公里。8 519人在此地震中丧生，无数人无家可归，126 355间房屋严重受损，80 393栋建筑物完全毁坏。加德满都谷地中巴德岗受损情况最严重，超过半数的传统建筑倒塌，大部分建筑不同程度的受损。

2. 专家研究

法国地震局的博林杰尔及其同事于2015年3月在尼泊尔进行地质调查，他们认为尼泊尔发生地震有其历史性的周期。博林杰尔的调查小组在尼泊尔中南部的主要断层上挖掘测量渠道，这个断层从东向西长约 1 000 公里。挖掘的地点是断层和地表接近的地区，调查小组以埋藏在断层内的碳化物来测量计算断层上一次活动的时间。虽然尼泊尔古代的史籍有提到发生过数次的重大地震，但是在现代的地表上很难找到地震留下的痕迹。这是因为尼泊尔雨季时的暴雨将附近山地的土壤冲刷到下方，还有茂密的植被都会掩盖住断层活动之后在地表所留下的各种迹象。博林杰尔的小组能够确定的是，这段断层已经有很长的一段时间没有活动的迹象。

探测小组在发现这个结果的时候非常担心，因为这意味着在加德满都和第二大城市博克拉之间很可能发生和 1934 年大地震强度类似的地震。一般而言，发生大地震的时候，地底下的能量会沿着断层边缘传送出去。他们在 4 月 25 日大地震发生前两周将发现的结果提交给尼泊尔地质学会，可惜当局没有引起足够的重视。

博林杰尔德的调查小组认为，初步的计算显示，这次的地震震级虽高，但是尚不足以把能量传到地表。他们认为地下仍然积蓄了相当大的能量还没有释放出来。因此未来的几十年当中，尼泊尔的西部和南部很可能还会发生重大的地震。

第三节　文物严重破坏原因

1. 震级大、地理位置危险

尼泊尔位于印度板块与欧亚板块交接处，是地壳活跃危险区域，因此破坏力大。"4·25"地震为 8.1 级，比 2008 年汶川地震震级大，地震强度约为汶川地震的 1.4 倍，破坏力极强。震源深度较浅，震源中心距离加德满都仅 80 公里，大量能量传递至谷地，因此造成巨大损失。

2. 政府保护意识不够

地震震级较大、震源较浅，对传统建筑和文物造成极大破坏，但也突显出政府保护意识的薄弱。作为地震多发国家，日本几乎每年都有大大小小的地震和余震，国内也遍布文物古迹，但是很少出现尼泊尔这样大量文物破坏现象。日本很早就开始实行文物保护工作，通过政府、专家、民间组织共同努力，制订详细的文物保护计划，尽量减少自然灾害尤其是地震等对文化古迹造成损坏。

3.建筑材料和建造技术滞后

尼泊尔大部分建筑都有几十年甚至上百年的历史，采用砖和木材建造，经过长期使用和风吹雨打，建筑的抗震能力大幅降低。木材具有一定的抗震性，但是长期外露导致其抗震性下降。在这次地震中倒塌最多的是独立式建筑，这类建筑主要是神庙，神庙彼此之间独立建造，且建筑高度较高，呈竖向发展趋势。然后，整体式宫殿建筑群和民居建筑群受损则低很多。建筑连接成整体，大幅释放了地震力，使建筑群免于倒塌。

结 语

尼泊尔与中国虽然隔着巍峨的喜马拉雅山脉，但是早在 403 年中国僧人法显就到达尼泊尔，两国人民之间的交流一直延续至今。尼泊尔一直是印度与中国西藏之间商贸通道的重要节点，多种文化在这里融合，铸就了令世界瞩目的文化遗产。尼泊尔传统建筑在亚洲独树一帜，对周边国家和地区的建筑发展也产生了重要影响。本书尝试研究尼泊尔传统建筑，以期为国内外读者展现尼泊尔建筑文化。

笔者首先了解尼泊尔自然环境和人文背景，对尼泊尔各地区各时期历史进行解读，为研究打下基础。尼泊尔传统建筑内容繁杂多样，笔者将其分为城市建设、宫殿建筑、宗教建筑、民居建筑和建造技术五部分，并分别研究各部分内容。城市建设研究以地理区位划分为基础，分析影响城市建设发展的因素。宫殿建筑和宗教建筑的研究在实例研究的基础上进行分析总结，得出建筑群的布局特征、建筑单体的形制和元素。民居建筑研究以各地区民居为例，分析民居建筑形制和材料。尼泊尔传统建造技术是一个非常困难的研究对象，笔者以建筑类型为区分，分析不同类型建筑各部位的构造技术。

最后，笔者希望本书能为其他进行尼泊尔传统建筑研究的学者提供帮助，为学术界贡献一份微薄的力量。

中英文对照

地理名称

安纳布尔纳峰：Annapurna

巴格马蒂河：Bagmati River

巴德岗：Bhadgaon，又名巴克塔普尔 Bhaktapur

比哈尔邦：Bihar

毗湿奴马蒂河：Bishnumati River

布塔尼堪纳特：Budhanilkantha

钱德拉吉里山：Chandragiri

卓奥友峰：Cho Oyu

丘日山系：Chure Hills

道拉吉里峰：Dhaulagiri

廓卡纳：Gokarna

廓尔喀：Gorkha

哈努曼特河：Hanumante River

喜马拉雅山区：Himalaya Zone

凯拉什神山：Kailasa Mountain

干城章嘉峰：Kanchenjunga

卡桑河：Kasan River

加德满都：Kathmandu，又名坎提普尔 Kantipur

加德满都谷地：Kathmandu Valley

喀隆：Kerung

卡瓦帕：Khwopa

吉尔蒂布尔：Kirtipur

库蒂：Kuti

洛子峰：Lhotse

蓝毗尼：Lumbini

中央邦：Madhya

默哈帕勒德岭：Mahabharat Range

马卡鲁峰：Makalu

马纳斯卢峰：Manaslu

莫洛哈拉河：Manohara River

纳加哈达：Nagahada

纳嘉郡山：Nagarjun

纳加阔特：Nagarkot

尼泊尔：Nepal

帕坦：Patan，又名拉里特普尔 Lalitpur

珠穆拉玛峰：Qomolangma

西瓦普利山：Shivapuri

锡金：Sikkim

塔丘帕：Tachupal

塔普勒琼区：Taplejung

陶玛蒂广场：Taumadhi Tole

德赖平原：Terai Plan

泰美尔区：Thamel

提米：Thimi

特里布汶：Tribhuvan

北阿肯德邦：Uttarakhand

北方邦：Uttar

瓦拉纳西：Waranasi

西孟加拉邦：West Bengal

雅拉：Yala

宗教名称

苯教：Bonismo

佛教：Buddhism

印度教：Hinduism

伊斯兰教：Islamism

萨满教：Shamanism

藏传佛教：Tibetan Buddhism

神灵名词

不动如来佛：Aksobhya

阿弥陀佛：Amitabha

不空成就佛：Amoghasiddhi

阿难陀：Ananta

阿帕萨拉：Apsara

巴赫妮：Baghini

巴利：Bali

巴哈尔·巴拉瓦：Bahar Balava

拜拉弗：Bhairab

派拉瓦：Bhairava，即陪胪

绿度母：Bodhisattva Tara

梵天：Brahma

查蒙达：Chamunda

齐普：Cheppu

杜尔迦：Durga，即难近母

甘尼沙：Ganesha

恒河女神：Goddess Ganga

朱木拿河女神：Goddess Jumna

乔罗迦陀：Gorakhnath

大因陀罗神母：Indrayani

迦梨：Kali

迦叶佛：Kasyapa

科特普尔：Kortpur

克里希纳神：Krishna

库玛丽：Kumari

拉克希米：Lakshmi

格里芬：Leogryphs

摩诃克：Mahankal

摩耶夫人：Mayadevi

纳加：Naga

纳辛哈：Narsingha

帕尔瓦蒂：Parvati

宝生如来佛：Ratnasambhava

萨拉瓦蒂：Sarawati

湿婆：Shiva

西赫妮：Singhini

塔莱珠：Tale Ju

毗卢遮那佛：Vairocana

瓦拉希：Varahi

毗湿奴：Vishnu

白度母：White Tara

王朝名词

乔帕罗王朝：Gopadas Dynasty

李察维王朝：Licchavi Dynasty

马拉王朝：Malla Dynasty

沙阿王朝：Shah Dynasty

民族名词

阿毗罗人：Abhiras

巴浑族：Ba Hun

缅甸人：Burmeses

古荣族：Gurugs

基拉底人 (Kiratis)

李察维人：Licchavi

林布族：Limbus

尼瓦尔族人：Newars

玛迦族：Magars

拉伊族：Rai

沙提族：Schaettis

夏尔巴族人：Sherpas

塔芒族人：Tamgangs

西藏人：Tibetans

人物名词

阿巴亚·马拉：Abahya Malla

阿南达·马拉：Anand Malla

阿姆苏·瓦尔马：Anshu Varma

阿琼·马拉：Arjun Mara

阿育王：Asoka

巴拉瓦伽：Bharadvaja

布帕亭德拉·马拉：Bhupatindra Malla

贾加特·普拉卡什·马拉：Gagat Prakash Malla

迦楼罗：Garuda

朱塞佩：Giuseppe

古纳瓦·德瓦：Gunava Deva

希达·纳拉·马拉：Hilda Nara Malla

哈摩提：Humati

贾亚玛尔：Jayamel

贾亚·普拉卡什·马拉：Jaya Prakash Malla

贾亚斯提提·马拉：Jayasthiti Malla

忠格·巴哈杜尔：Jung Bbhadur

科特庭院：Kaukot Chowk

马亨德拉·马拉：Mahindra Malla

马纳·希瓦：Mana Shiva

帕塔：Phattu

普拉塔普·马拉：Pratap Malla

普利特维·纳拉扬·沙阿：Prithvi Narayan Shah

拉贾·拉齐纳·辛格：Raja Razina Singh

拉纳吉特·马拉：Ranajit Malla

师利毗湿奴·马拉：Sirivishnu Malla

希瓦·辛哈·马拉：Shiva Singh Malla

师利那瓦萨·马拉：Srinivasa Malla

斯通克：Sthunko

乌拉昌达：Ullachanda

维斯瓦·马拉：Viswa Malla

亚克希亚·马拉：Yaksha Malla

尤加纳兰德拉·马拉：Yoganarender Malla

建筑名词

老虎拜拉弗神庙：Bagh Bhairab

巴哈尔：Bahal

巴希尔：Bahil

巴拉珠花园：Balaju Garden

拜拉弗纳特神庙：Bhairabnath Temple

巴克塔普尔塔：Bhaktapur Tower

巴克塔普尔神庙：Bhaktapur Temple

博德纳特窣堵坡：Bodhnath Stupa

布塔尼堪纳特神庙：Budhanilkantha Temple

查库拉：Chakula

昌古纳拉扬神庙：Changu Narayan Temple

查郝斯亚巴哈尔：ChhusyaBahal

达塔特雷亚神庙：Dattatreya Temple

迪加：Dega

古蒂：Guti

哈努曼多卡宫：Hanuman Dhoka

卡拉沙：Kalas

翠里连庭院：Kalindi Chowk

加德满都塔：Kathmandu Tower

卡尼尔庭院：Karnel Chowk

加塔曼达帕：Kastamandap

奇提普塔：Kertipur Tower

克沙纳拉扬王宫：Keshar Narayan Palace

坎贝士瓦神庙：Kumbeshwar Temple

莱姆庭院：Lam Chowk

罗罕庭院：Lohan Chowk

玛拉提宫：Malati Chowk

曼陀罗：Mandara

曼迪：Mandir

玛珠神庙：Maju Deval

穆迪庭院：Mudhi Chowk

纳为哈：Nahgvah

纳萨尔庭院：Nasal Chowk

纳德哈·卡查：Nauddha Kacha

尼瓦尔式：Newari

尼拉坎塔神庙：Nilakantha Temple

尼亚塔波拉神庙：Nyatapola Temple

帕斯帕提纳神庙：Pashupatinath Temple

帕塔卡：Pataka

帕坦塔：PatanTower

毗图：Pintu

拉梅什瓦尔神庙：Rameshwar Temple

拉吉拉杰什瓦利：Raj Rajeshwari

雪谦·滇尼·达吉林寺：Shechen Tennyi Dargyeling Temple

锡克哈式：Shikhara

窣堵坡：Stupa

桑德利王宫：Sundari Palace

太阳门：Sun Dhoka

斯瓦扬布纳特：Swayambhunath

陶玛蒂广场：Taumadhi Tole

其他名词

新年节：Bhaitika

宰牲节：Dasain

兜拉：Daura

霹雳符：Dorje，梵文 Vajra

尼泊尔—比哈尔大地震：Great Nepal–Bihar Earthquake

洒红节：Holi

因陀罗节：Indra Jatra

噶举派：Karmah

齐齐马拉：Kikimala

《摩诃婆罗多》：Mahabharata

拉纳：Rana

须弥山：Sumeru

桑得拉：Sundhara

苏瓦尔：Surwal

图片索引

第五章　民居建筑

第六章　传统建造技术

第七章　4 月 25 日大地震对加德满都谷地历史建筑的破坏

参考文献

中文专著

[1] 周晶，李天. 加德满都的孔雀窗——尼泊尔传统建筑 [M]. 北京：光明日报出版社，2011.

[2] 刘必权. 列国志：尼泊尔 [M]. 福建：福建人民出版社，2004.

[3] 王宏伟. 尼泊尔：人民和文化 [M]. 北京：昆仑出版社，2007.

[4] 澳大利亚 Lonely Planet 公司. 尼泊尔 [M]. 北京：中国地图出版社，2013.

[5] 墨客编辑部. 尼泊尔玩全攻略 [M]. 北京：人民邮电出版社，2013.

外文专著

[1] Mary Shepherd Slusser. Nepal Mandala：A Cultural Study of the Kathmandu Valley [M]. Kathmandu：Princeton University Press，1982.

[2] Wolfgang Korn. The Traditional Architecture of the Kathmandu Valley [M]. Kathmandu：Ratna Pustak Bhandar，1976.

[3] Ronald M Bernier. The Temples of Nepal [M]. New Delhi：S Chand & Company.Ltd，Ram Nagar，1970.

[4] Sudarshan Raj Tiwar. Temples of the Nepal Valley [M]. Kathmandu：Sthapit Press,2009.

[5] Michael Hutt. Nepal：A Guide to the Art & Architecture of the Kathmandu Valley[M]. New Delhi: Adroit Publishers,1994.

[6] Purusottam Dangol.Elements of Nepalese Temple Architecture [M]. New Delhi: Adroit Publishers,2007.

[7] Gerard Toffin. Man and His House in the Himalayas:Ecology of Nepal [M]. New Delhi: S.K.Ghai, Managing Director,1981.

学位论文和学术期刊

[1] 陈翰笙. 古代中国与尼泊尔的文化交流——公元第五至十七世纪 [J]. 历史研究，1961（4）.

[2] 周晶,李天.尼泊尔建筑艺术对藏传佛教建筑的影响[J].青海民族学院学报,2009(1).

[3] 周定国. 尼泊尔及其首都加德满都名称的由来 [J]. 地理教学，2007（5）.

[4] 马维光. 尼泊尔佛教的亮点（上）[J]. 南亚研究，2007（12）.

[5] 魏英邦. 尼泊尔·不丹·锡金三国史略 [J]. 青海民族学院学报，1978（3）.

[6] 何朝荣. 尼泊尔种姓制度的历史沿革 [J]. 南亚研究季刊，2007（5）.

[7] 胡仕胜. 尼泊尔民族宗教概况 [J]. 国际信息资料，2003（3）.

[8] 张惠兰. 尼泊尔印度教和佛教的相互融合及其因素 [J]. 南亚研究，1996（12）.

[9] 姚长寿. 尼泊尔佛教概述 [J]. 法音，1987（3）.

[10] 郑朝军. 触摸尼泊尔王国 [J]. 建筑知识，2006（5）.

[11] 魏巨山. 尼泊尔帕克塔布城之建筑特色 [J]. 装饰，2003（11）.

[12] 吴附儒. 尼泊尔三大杜巴广场与街道的功能置换 [J]. 安徽农业科技，2008（18）.

[13] 曾晓泉. 尼泊尔宗教建筑聚落空间构成特色探究 [J]. 沈阳建筑大学学报（社会科学报），2014（1）.

[14] 韩博. 尼泊尔帕坦的金庙与王宫 [N]. 21世纪经济报道，2008（6）.

[15] 郭黛姮. 韩国与尼泊尔王宫简述及中韩尼三国宫殿简要比较 [J]. 中国紫禁城学会论文集（第一辑），1996（10）.

[16] 卢珊. 尼泊尔建筑——虔诚佛国的居住艺术 [J]. 艺术教育，2010（6）.

[17] 藤冈通夫，波多野纯，等. 尼泊尔古王宫建筑 [J]. 世界建筑，1984（10）.

[18] 洪峰. 尼泊尔宗教建筑研究 [D]. 南京：南京工业大学，2008.

[19] 曾晓泉. 人神共存的境界——尼泊尔古宗教建筑空间文化赏析 [J]. 设计艺术研究，2013（6）.

[20] 张曦. 尼泊尔古代雕刻艺术的风格 [J]. 南亚研究，1987（12）.

[21] 殷勇，孙晓鹏. 尼泊尔传统建筑与中国早期建筑之比较——以屋顶形态及其承托结构特征为主要比较对象 [J]. 四川建筑，2010（4）.

[22] 张曦. 尼泊尔古建筑艺术初探 [J]. 南亚研究，1991（12）.

[23] 丹下健三都市·建筑设计研究所. 蓝毗尼园，尼泊尔 [J]. 世界建筑，1982（4）

[24] 陈星桥. 佛陀故乡——尼泊尔胜迹巡礼 [J]. 读者，2011（4）.

[25] 吴庆洲. 佛塔的源流及中国塔刹形制研究 [J]. 华中建筑，1999（12）.

[26] 余敏飞，潘特. 尼泊尔国八合院 [J]. 时代建筑，1991（10）.

[27] 殷勇，孙晓鹏. 尼泊尔传统居住建筑文化初探 [J]. 科学时代，2011（17）.

图书在版编目（CIP）数据

加德满都谷地传统建筑 / 汪永平，王加鑫编著 .
南京：东南大学出版社，2017.5
（喜马拉雅城市与建筑文化遗产丛书 / 汪永平主编）
ISBN 978-7-5641-6971-8

Ⅰ . ①加… Ⅱ . ①汪… ②王… Ⅲ . ①古建筑-建筑
艺术-加德满都 Ⅳ . ① TU-093.55

中国版本图书馆 CIP 数据核字（2017）第 008692 号

书　　　名：**加德满都谷地传统建筑**
责任编辑：戴　丽　魏晓平
装帧方案：王少陵
责任印制：周荣虎
出版发行：东南大学出版社
社　　　址：南京市四牌楼 2 号
邮　　　编：210096
出 版 人：江建中
网　　　址：http://www.seupress.com
电子邮箱：press@seupress.com
印　　　刷：深圳市精彩印联合印务有限公司
经　　　销：全国各地新华书店
开　　　本：700mm×1000mm　　1/16
印　　　张：11.75
字　　　数：218 千字
版　　　次：2017 年 5 月第 1 版
印　　　次：2017 年 9 月第 2 次印刷
书　　　号：ISBN 978-7-5641-6971-8
定　　　价：69.00 元

若有印装质量问题，请与营销部联系。电话：025-83791830